개념연결 연산의 발견

"엄마, 고마워!"라는 말을 듣게 될 줄이야!

모든 아이들은 공부를 잘하고 싶어 한다. 부모가 아이의 잘하고 싶은 마음에 대해 믿음을 가지고 도와주는 것이 중요하다. 무작정 이것저것 많이 시켜 부담을 주는 것이 아니라 부모가 내 공부를 도와주고 있다는 마음이 전해지면 아이는 신이 나서 공부를 한다. 수학 공부에 있어서는 꼼꼼하게 비교해 좋은 문제집을 추천해주는 것이 바로 그 마음이 될 것이다. 『개념연결 연산의 발견』을 가까운 초등 부모들에게 미리 주어 아이들이 풀어보도록 했다. 많은 부모들이 아이가 문제 푸는 재미에 푹 빠졌다고 했으며, 문제뿐만 아니라 친절한 개념 설명과 고학년까지 연결되는 개념의 연결에 열광했다. 아이들이 겪게 되는 수학 공부의 어려움을 꿰뚫고 있는 국내 최고의 수학교육 전문가와 현직 교사들의 합작품답다. 아이의 수학 때문에 고민하는 부모들에게 자신 있게 추천한다. 이 책은 마지못해 억지로 하는 공부가 아니라 자발적으로 자신의 문제를 해결해가는 성취감을 맛보게 해줄 것이다. "엄마 덕분에 수학에 자신감이 생겼어요!" 이렇게 말하는 아이의 모습이 그려진다.

박재원(사람과교육연구소 부모연구소장)

머리말

연산을 새롭게 발견하다!

잘못된 연산 학습이 아이를 망친다

아이의 수학 공부 때문에 골치 아파하는 초등 부모님을 많이 만났습니다. "이러다 '수포자'가 되면 어떡하나요?" 하고 물어 오는 부모님을 만날 때마다 수학의 본질이 무엇인지, 장차 우리 아이들이 초등 시절을 지나 중·고등학생이 되었을 때 수학 공부가 재미있고 고통이지 않으려면 어떻게 해야 하는지, 근본적인 고민을 반복했습니다. 30여 년 중·고등학교에서 수학을 가르치며 아이들에게 초등수학 개념이 많이 부족함을 느꼈고, 초등학교 때의 결손이 중·고등학교를 거치며 눈덩이처럼 커지는 것을 목도했습니다. 아이러니하게도 중·고등학교 현장을 떠난 후에야 초등수학을 제대로 공부할 기회가 생겼고, 학생들의 수학 공부법을 비로소 정립할 수 있어 정말 행복했습니다. 그러나 기쁨도 잠시, 초등 부모님들의 고민은 수학의 본질이 아니라 눈앞의 점수라는 사실을 알게 되었습니다. 결국 연산이었지요. 연산이 수학의 기초임은 두말할 나위 없는 사실인데, 오히려 수학 공부에 장해가 될 줄은 꿈에도 생각지 못했습니다. 초등수학 교과서를 독파하고도 깨닫지 못한 현실을 시중에 유행하는 연산 학습법이 알려주었습니다. 교과서는 연산의 정확성과 다양성을 추구합니다. 그리고 이것이 연산 학습의 본질입니다. 그런데 시중의 연산 학습지 대부분은 정확성과 다양성보다 빠른 계산 속도와 무지막지한 암기를 유도합니다. 그리고 상당수 부모님이 이것을 받아들여 아이들을 속도와 암기에 몰아넣습니다.

좌절감과 열등감을 낳는 연산 학습

속도와 암기는 점수를 높여줄 수 있다는 장점을 갖지만, 그보다 많은 부작용을 안고 있습니다. 빠른 계산 속도에 대한 집착은 아이에게 좌절감과 열등감을 줍니다. 본인의 계산 속도라는 것이 있는데 이를 무시하고 가장 빠른 아이의 속도에 맞추기만 하면 무한의 속도 경쟁에서 실패자가 되기 쉽습니다. 자기 속도에 맞지 않으면 자기주도가 될 수 없으니 타율 학습이 됩니다. 한쪽으로 자기주도학습을 강조하면서 연산 학습에서는 타율 학습을 강요하면 아이들의 '자기주도'는 점점 멀어질 수밖에 없습니다. 또 무조건적인 암기는 이해를 동반하지 않으므로 아이들이 수학을 암기 과목으로 여기게 만들고, 이 때문에 많은 아이가 중·고등학교에 올라가 수학을 싫어하게 됩니다. 아이들은 연산 공부와 여타의 수학 공부를 달리 보지 못합니다. 연산을 공부할 때처럼 모든 수학 공부를 무조건적인 암기와 빠른 시간 안에 답을 맞혀야 한다고 생각합니다. 이러한 생각은 중·고등학교를 넘어 평생 갑니다. 그래서 성인이 된 뒤에도 자신의 자녀들에게 이런 식의 연산 학습을 시키는 데 주저하지 않게 됩니다.

수학이 좋아지는 연산 학습을 개발하다

이 두 가지 부작용을 해결하기 위해 많은 부모님을 설득했지만 대안이 없었습니다. 부모님 스스로 해결하는 경우가 드물었습니다. 갈수록 피해가 커지는 현상을 막아야겠다고 결심했습니다. 그래서 현직 초등 교사들과 의논하고 이들을 설득해 초등 연산 학습을 정리하고 그 결과를 책으로 내게 되었습니다. 교사들이 나서서 연산 학습을 주도한다는 비난을 극복하고 연산을 새롭게 발견하는 기회를 제공해야 한다는 일념으로 이 책을 만들었습니다. 우리 아이가 처음으로 접하는 수학인 연산은 즐거워야 합니다. 아이를 사랑하는 마음으로 제대로 된 연산 문제집을 만들어보자고 했을 때 흔쾌히 따라준 개념연산팀 선생님들에게 감사드립니다. 지난 4년여 동안 휴일과 방학을 반납하고 학생들의 연산 학습 실태 조사, 회의와 세미나, 집필 등에 온 힘을 쏟아주셨습니다. 그리고 먼저 문제를 풀어보고 다양한 의견을 주신 박재원 소장님과 부모님들께 감사의 말씀을 전합니다.

전국수학교사모임 개념연산팀을 대표하여
최수일 씀

특징

개념연결 연산의 발견은 이런 책입니다!

❶ 개념의 연결을 통해 연산을 정복한다

기존 문제집들이 문제 풀이 중심인 반면, 『개념연결 연산의 발견』은 관련 개념의 연결과 핵심적인 개념 설명으로 시작합니다. 해당 문제가 이해되지 않으면 전 단계의 문제를 다시 풀고, 확장된 내용이 궁금하면 다음 단계 개념에 해당하는 문제를 바로 풀어볼 수 있는 장치입니다. 스스로 부족한 부분이 어디인지 쉽게 발견하여 자기주도적으로 복습 혹은 예습을 할 수 있습니다. 개념연결을 통해 고학년이 되어서도 결코 무너지지 않는 수학의 기초 체력을 키울 수 있습니다. 연산을 구조화시켜 생각하게 만드는 개념연결은 1~6학년 연산 개념연결 지도를 통해 한눈에 확인할 수 있습니다. 연산을 공부할 때부터 개념의 연결을 경험하면 수학 전체를 공부할 때도 개념을 연결하는 습관을 가질 수 있습니다.

❷ 현직 교사들이 집필한 최초의 연산 문제집

시중의 문제집들과 달리, 30여 년간 수학교사로 근무하고 수학교육의 혁신을 위해 시민단체에서 활동하고 있는 최수일 박사를 팀장으로, 수학교육 석·박사급 현직 교사들이 중심이 되어 집필한 최초의 연산 문제집입니다. 교육 경험이 도합 80년 이상 되는 현직 교사들의 현장감과 전문성을 살려 문제를 풀며 저절로 개념을 연결시키는 연산 프로그램을 만들었습니다. '빨리 그리고 많이'가 아닌 '제대로 그리고 최소한'으로 최대의 효과를 얻고자 했습니다. 내용의 업그레이드뿐 아니라 형식에서도 현직 교사들의 경험을 반영해 세세한 부분까지 기존 문제집의 부족한 부분을 개선했습니다. 눈의 피로와 지우개질까지 생각해 연한 미색의 질긴 종이를 사용한 것이 좋은 예가 될 것입니다.

❸ 설명하지 못하면 모르는 것이다 -선생님놀이

아이들은 연산에서 실수가 잦습니다. 반복된 연산 훈련으로 개념을 이해하지 못하고 유형별, 기계적으로 문제를 마주하기 때문입니다. 연산 실수는 훈련으로 극복되기도 하지만 이는 근본적인 해법이 아닙니다. 답이 맞으면 대개 이해했다고 생각하며 넘어가는데, 조금 지나면 도로 아미타불인 경우가 많습니다. 답이 맞았다고 해도 풀이 과정을 말로 설명하지 못하면 개념을 이해하지 못한 것입니다. 그래서 아이가 부모님이나 친구 등에게 설명을 하는 문제를 실었습니다. 아이의 설명을 잘 들어보고 답지의 해설과 대조해보면 아이가 문제를 얼마만큼 이해했는지 알 수 있습니다.

❹ 문제를 직접 써보는 것이 중요하다 -필산 문제

개념을 완벽하게 이해하기 위해 손으로 직접 써보는 문제를 배치했습니다. 필산은 계산의 경로가 기록되기 때문에 실수를 줄여주며 논리적 사고력을 키워줍니다. 빈칸 채우는 문제를 아무리 많이 풀어도 직접 식을 써보지 않으면 연산 학습에서 큰 효과를 기대하기 어렵습니다. 요즘 아이들은 숫자를 바르게 써서 하나의 식을 완성하는 데 어려움을 겪는 경우가 많습니다. 연산 학습은 하나의 식을 제대로 써보는 것이 그 시작입니다. 말로 설명하고 손으로 기록하면 개념을 완벽하게 이해할 수 있습니다.

❺ '빠르게'가 아니라 '정확하게'!

초등에서의 연산력은 중학교 이상의 수학을 공부하는 데 기초가 됩니다. 중·고등학교 수학은 복잡한 연산을 요구하지 않습니다. 주어진 문제를 이해하여 식을 쓰고 차근차근 해결해나가는 문제해결능력이 더 중요합니다. 초등학교 때부터 문제를 빨리 푸는 것보다 한 문제라도 정확하게 정리하고 풀이 과정이 잘 드러나도록 식을 써서 해결하는 습관이 중·고등학교에 가서 수학을 잘하는 비결입니다. 우리 책에서는 충분히 생각하면서 문제를 풀도록 시간에 제한을 두지 않았습니다. 속도는 목표가 될 수 없습니다. 이해가 되면 속도는 자연히 따라붙습니다.

❻ 학생의 인지 발달에 맞는 문제 분량

연산은 아이가 처음 접하는 수학입니다. 수학은 반복적으로 훈련하는 것이 아니라 생각의 힘을 키우는 학문입니다. 과도하게 많은 문제를 풀면 수학에 대한 잘못된 선입관을 갖게 되어 수학 과목 자체가 싫어질 수 있습니다. 우리 책에서는 아이들의 발달 단계에 따라 개념이 완전히 내 것이 될 수 있도록 학년별로 적절한 수의 문제를 배치해 '최소한'으로 '최대한'의 효과를 낼 수 있도록 했습니다.

❼ 문제 중간 튀어나오는 돌발 문제

한 단원 내에서 똑같은 유형의 문제가 반복적으로 나오면 생각하지 않고 기계적으로 문제를 풀게 됩니다. 연산을 어느 정도 익히면 자동화되는 경향이 있기 때문입니다. 이런 경우 실수가 생기고, 답이 맞을 수는 있지만 완전히 아는 것이 아닐 수 있습니다. 우리 책에는 중간중간 출몰하는 엉뚱한 돌발 문제로 생각의 끈을 놓을 수 없는 장치를 마련해두었습니다. 어떤 문제를 맞닥뜨려도 해결해나가는 힘을 기를 수 있습니다.

❽ 일상의 수학을 강조하다 –문장제

뇌과학적으로 우리의 기억은 일상에 활용할만한 가치가 있는 것을 저장하고, 자기연관성이 있으면 감정을 이입하여 그 기억을 오래 저장한다고 합니다. 우리 책은 일상에서 벌어지는 다양한 상황을 문제로 제시합니다. 창의력과 문제해결능력을 향상시켜 계산이 전부가 아니라 수학적으로 생각하는 힘을 키워줍니다.

차례

교과서에서는?

1단원 자연수의 혼합 계산

계산식에 덧셈, 뺄셈, 곱셈, 나눗셈이 섞여 있는 자연수 혼합 계산을 공부해요. 혼합 계산은 식의 계산 순서를 이해하고 계산 순서에 맞게 계산하는 것이 중요해요. 괄호가 있는 식과 괄호가 없는 식의 차이점을 알고 계산 순서를 꼼꼼히 따져 가며 공부해 보세요.

교과서에서는?

2단원 약수와 배수

어떤 수를 두 수의 곱으로 나타내거나 몇 배 하는 과정을 통해 약수와 배수를 배웁니다. 공식처럼 무작정 암기하기보다는 공약수와 최대공약수, 공배수와 최소공배수까지 개념이 연결되도록 공부해 보세요. 약수와 배수는 앞으로 학습할 약분과 통분을 이해하는 데 기초가 됩니다.

자연수의 혼합 계산은 덧셈, 뺄셈, 곱셈, 나눗셈이 섞여 있는 자연수끼리의 계산에서 마지막 단계에 해당됩니다. 계산 순서에 유의하며 학습합니다. 그리고 자연수를 두 수의 곱으로 나타내거나 어떤 수를 몇 배 하는 과정에서 약수와 배수의 관계를 이해하고 이를 통해 최대공약수와 최소공배수를 구합니다. 약분과 통분은 분모가 다른 분수의 덧셈과 뺄셈을 하는 데 중요한 기초가 되므로 배운 개념들이 서로 연결되도록 충분히 연습해야 합니다.

교과서에서는?

4단원 약분과 통분

약분은 분수의 분모와 분자에 0이 아닌 같은 수를 곱하거나 나누어도 크기가 변하지 않는다는 분수의 성질을 이용해요. 통분은 두 분모의 공배수를 이용하여 두 분모를 같게 해요. 약분과 통분은 분수의 덧셈과 뺄셈의 기본이 되므로 꼼꼼히 따져 가며 성실히 익혀야 해요.

교과서에서는?

5단원 분수의 덧셈과 뺄셈

분수의 덧셈과 뺄셈을 하기 위해서는 먼저 두 분모를 통분하여 같게 해요. 두 분수의 분모를 같게 했다면 4학년에서 배운 분수의 덧셈과 뺄셈 방법을 이용하여 쉽게 문제를 해결할 수 있어요. 이 단원에서 어려움을 겪는 학생이 있다면 앞서 배운 내용들을 다시 한번 살펴보세요.

개념연결 연산의 발견 사용 설명서

나?
내 이름은
똑개!
똑똑한 개념연결,
똑개야!

각 단계의 제목

새 교육과정의
교과서 진도와 맞추었어요.
학교에서 배운 것을 바로 복습하며
문제를 풀어봐요. 하루에 두 쪽씩
진도에 맞춰 문제를 풀다 보면
나도 연산왕!

개념연결

구체적인 문제와 문제의 연결로 이루어져 있어요.
실수가 잦거나 헷갈리는 문제가 있다면
전 단계의 개념을 완전히 이해 못한 것이에요.
자기주도적으로 복습 혹은 예습을 할 수 있게 도와줍니다.

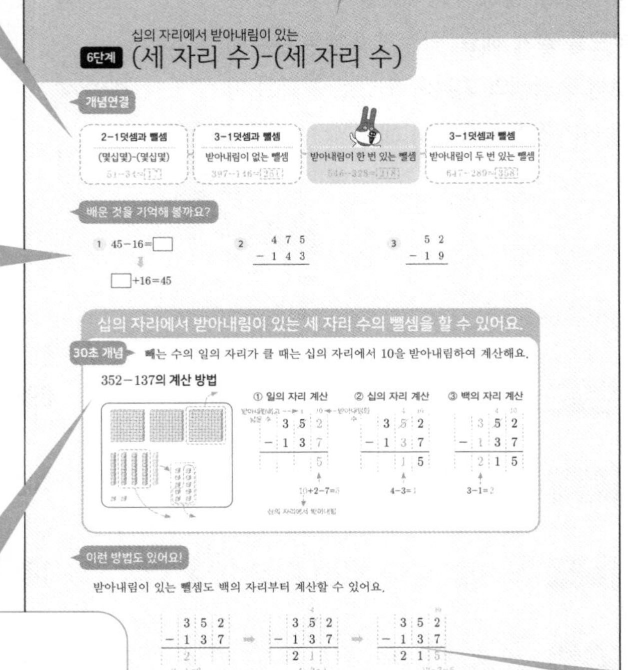

배운 것을 기억해 볼까요?

이전에 학습한 내용을 알고 있는지
확인해보는 선수 학습이에요.
개념연결과 짝을 이뤄 학습 결손이
생기지 않도록 만든 장치랍니다.
배웠다고 넘어가지 말고 어떻게 현 단계와
연결되는지 생각하면서 문제를 풀어보세요.

30초 개념

교과서에 나와 있는 개념 설명을 핵심만 추려
정리했어요. 해당 내용의 주제나 정리를
제목으로 크게 넣었어요. 제목만 큰 소리로 읽어봐도
개념을 이해하는 데 도움이 될 거예요.
그 아래에는 자세한 개념 설명과 풀이 방법을 넣었어요.

월 / 일 / ☆☆☆☆☆

수학은 주어진 문제를 이해하고 차근히 해결해나가는 것이
중요해요. 그래서 시간제한이 없는 대신
본인의 성취를 별☆로 표시하도록 했어요.
80% 이상 문제를 맞혔을 경우 다음 페이지로(별 4~5개),
그 이하인 경우 개념 설명을 다시 읽어보도록 해요.
완전히 이해가 되면 속도는 자연히 따라붙어요.

개념 익히기

계산해 보세요.

1. 535 − 319
2. 564 − 127
3. 642 − 415
4. 960 − 728
5. 3 − 126
6. 461 − 239
7. 680 − 323
8. 973 − 254
9. 631 − 418
10. 465 − 336
11. 782 − 566

덤

받아내림이 있는 뺄셈은 가로셈보다 세로셈으로 계산하는 것이 더 편리해요.

535−319 → 535 − 319

세로셈을 할 때 받아내림한 수와 받아내림하고 남은 수를 잘 표시해야 실수하지 않아요.

6단계 043

개념 익히기

30초 개념에서 다루었던 개념이
그대로 적용된 필수 문제예요.
똑개의 친절한 설명을 따라
문제를 풀다 보면 연산의 기본자세를
잡을 수 있어요.

덤

선생님들의 꿀팁이에요.
교육 현장에서 학생들이
자주 실수하거나
헷갈리는 문제에 대해
짤막하게 설명해줘요.

이런 방법도 있어요!

문제를 푸는 방법이 하나만 있는 건 아니에요.
수학은 공식으로만 푸는 것이 아닌,
생각하는 학문이랍니다. 선생님들이 좀 더 쉽게
개념을 이해할 수 있는 방법이나 다르게
생각할 수 있는 방법들을 제시했어요.

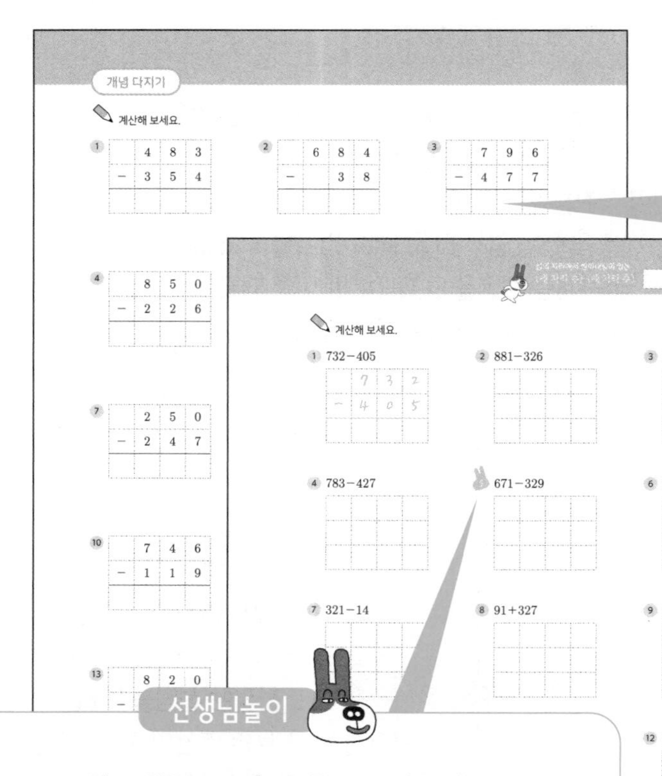

개념 다지기

개념 익히기보다 약간 난이도가 높은 실전 문제들이에요. 특히 개념을 완벽하게 이해하도록 도와주는, 손으로 직접 쓰는 필산 문제가 들어 있어요. 필산을 하면 계산 경로가 기록되기 때문에 실수가 줄고 논리적 사고력이 길러져요.

돌발 문제

똑같은 유형의 문제가 반복되면 생각하지 않고 문제를 풀게 되지요. 하지만 문제 중간에 엉뚱한 돌발 문제가 출몰한다면 생각의 끈을 놓을 수 없을 거예요. 덤으로, 어떤 문제를 맞닥뜨려도 풀어낼 수 있는 힘을 얻게 된답니다.

선생님놀이

답이 맞았다고 해도 풀이 과정을 말로 설명하지 못하면 개념을 이해하지 못한 거예요. 부모님이나 친구에게 설명을 해보세요. 그리고 답지에 나와 있는 모범 해설과 대조해보면 내가 이 문제를 얼마만큼 이해했는지 알 수 있을 거예요.

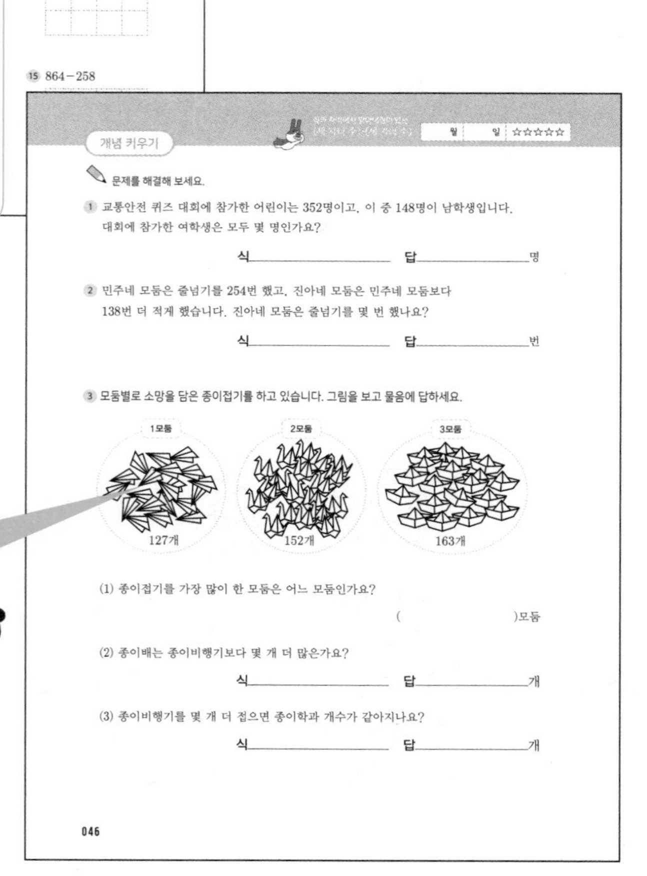

개념 키우기

일상에서 벌어지는 다양한 상황이 서술형 문제로 나옵니다. 새 교육과정에서 문장제의 비중이 높아지고 있습니다. 문장제는 생활 속에서 일어나는 상황을 수학적으로 이해하고 식으로 써서 답을 내는 과정이 중요한 문제로, 수학적으로 생각하는 힘을 키워줘요.

개념 다지기

계산해 보세요.

① 483 − 354 ② 684 − 38 ③ 796 − 477

④ 850 − 226 ⑦ 250 − 247 ⑩ 746 − 119 ⑬ 820 ...

계산해 보세요.

① 732−405 ② 881−326 ③ 912−60...

④ 783−427 671−329 ⑥ 2...

⑦ 321−14 ⑧ 91+327 ⑨ 5...

⑫ 78...

⑮ 864−258

개념 키우기 월 일 ☆☆☆☆☆

문제를 해결해 보세요.

① 교통안전 퀴즈 대회에 참가한 어린이는 352명이고, 이 중 148명이 남학생입니다. 대회에 참가한 여학생은 모두 몇 명인가요?

식__________ 답__________명

② 민주네 모둠은 줄넘기를 254번 했고, 진아네 모둠은 민주네 모둠보다 138번 더 적게 했습니다. 진아네 모둠은 줄넘기를 몇 번 했나요?

식__________ 답__________번

③ 모둠별로 소망을 담은 종이접기를 하고 있습니다. 그림을 보고 물음에 답하세요.

(1) 종이접기를 가장 많이 한 모둠은 어느 모둠인가요?

( )모둠

(2) 종이배는 종이비행기보다 몇 개 더 많은가요?

식__________ 답__________개

(3) 종이비행기를 몇 개 더 접으면 종이학과 개수가 같아지나요?

식__________ 답__________개

046

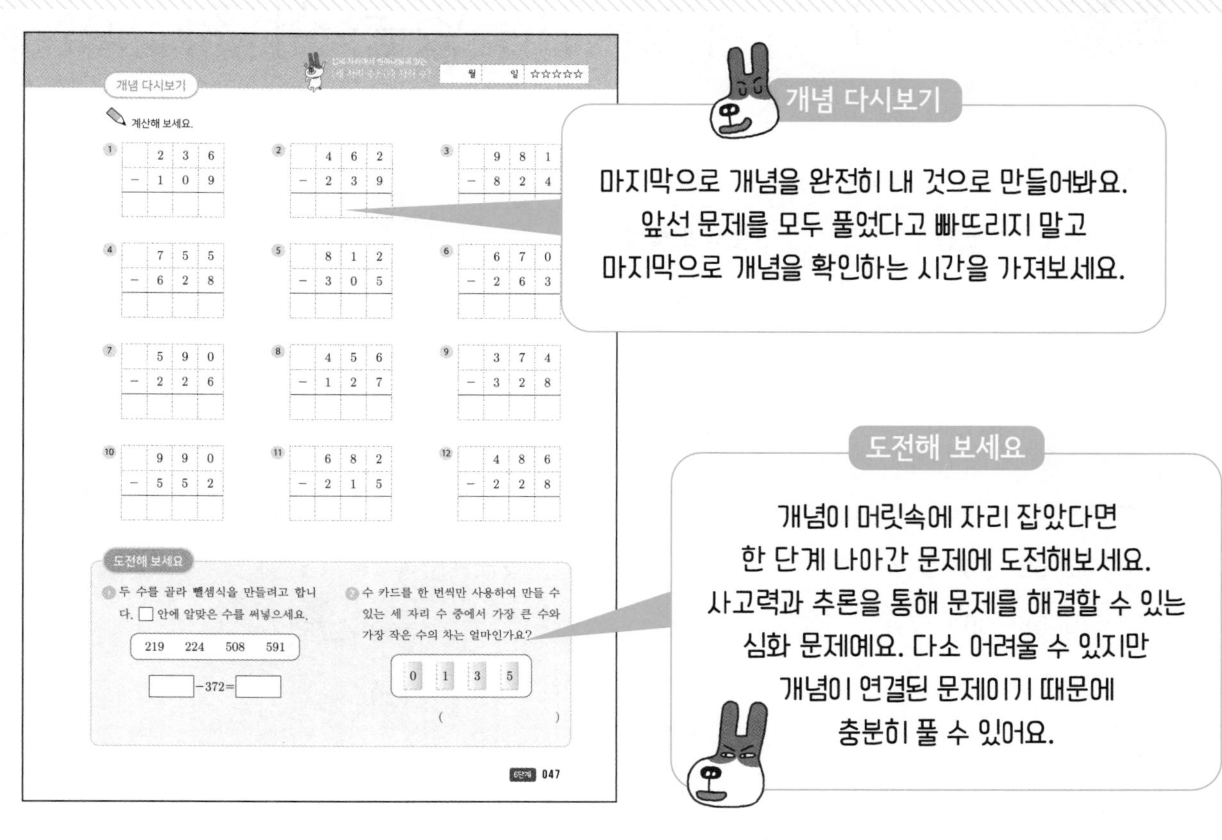
개념 다시보기
마지막으로 개념을 완전히 내 것으로 만들어봐요.
앞선 문제를 모두 풀었다고 빠뜨리지 말고
마지막으로 개념을 확인하는 시간을 가져보세요.
도전해 보세요
개념이 머릿속에 자리 잡았다면
한 단계 나아간 문제에 도전해보세요.
사고력과 추론을 통해 문제를 해결할 수 있는
심화 문제예요. 다소 어려울 수 있지만
개념이 연결된 문제이기 때문에
충분히 풀 수 있어요.

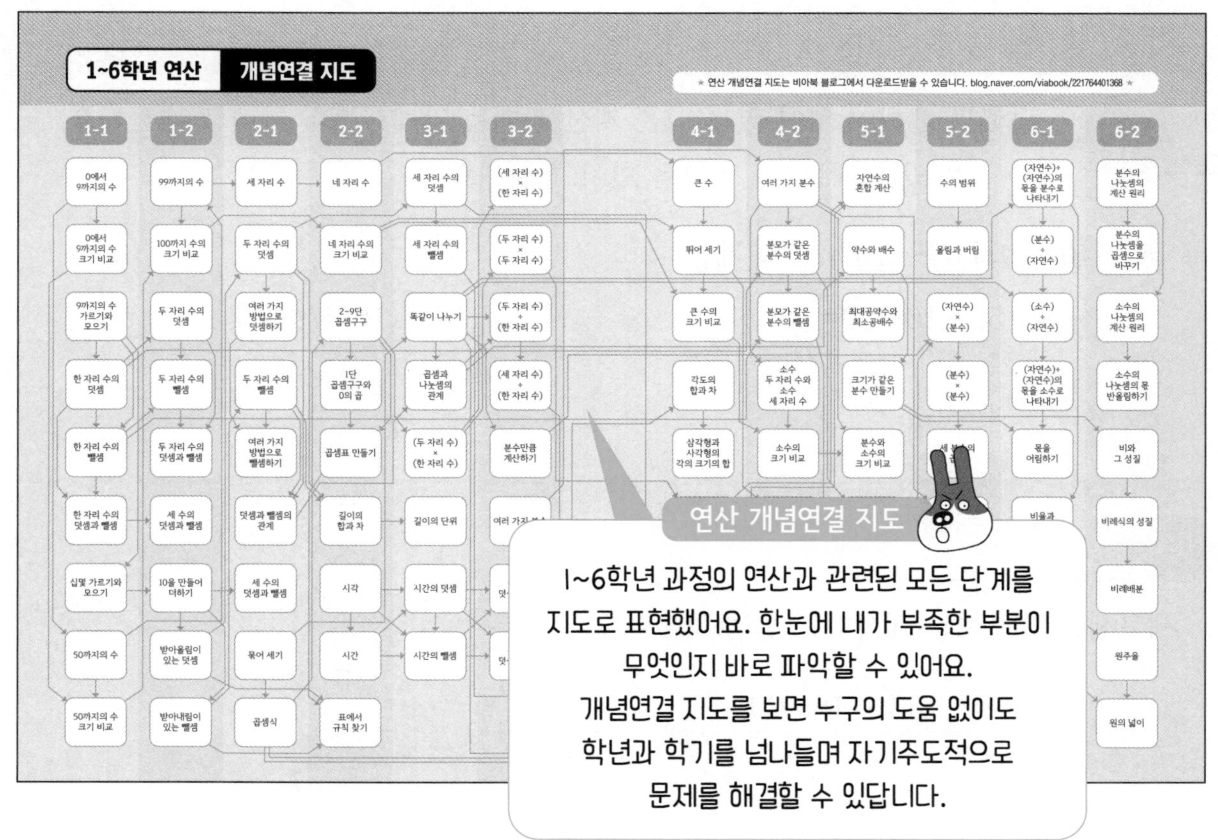
1~6학년 연산 개념연결 지도
연산 개념연결 지도
1~6학년 과정의 연산과 관련된 모든 단계를
지도로 표현했어요. 한눈에 내가 부족한 부분이
무엇인지 바로 파악할 수 있어요.
개념연결 지도를 보면 누구의 도움 없이도
학년과 학기를 넘나들며 자기주도적으로
문제를 해결할 수 있답니다.

1단계 덧셈과 뺄셈이 섞여 있는 식 계산하기

개념연결

2-1 덧셈과 뺄셈	3-1 덧셈과 뺄셈		5-1 자연수의 혼합 계산
세 수의 계산	(세 자리 수)+(세 자리 수)	덧셈과 뺄셈이 섞여 있는 식 계산하기	덧셈, 뺄셈, 곱셈이 섞여 있는 식 계산하기
$34-19+15=\boxed{30}$	$263+451=\boxed{714}$	$30-12+7=\boxed{25}$	$23+6\times9-5=\boxed{72}$

배운 것을 기억해 볼까요?

1 (1) $62-13+24=$

(2) $58-39+17=$

2

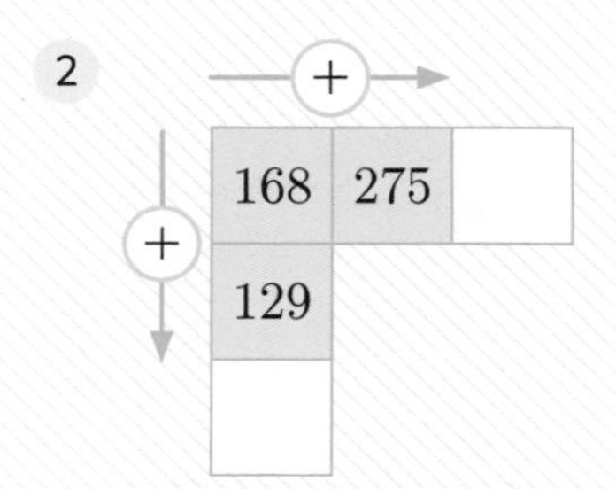

덧셈과 뺄셈이 섞여 있는 식을 계산할 수 있어요.

30초 개념

덧셈과 뺄셈이 섞여 있는 식을 계산할 때는 앞에서부터 차례로 계산해요.

(　)가 있을 때는 (　) 안을 먼저 계산해요.

$52-16+29$와 $52-(16+29)$의 계산

$52-16+29=65$: ① $52-16=36$, ② $36+29=65$

$52-(16+29)=7$: ① $16+29=45$, ② $52-45=7$

이런 방법도 있어요!

세로셈으로 차례로 계산하는 방법도 있어요.

$52-(16+29)$ ➡ ① $\begin{array}{r} 16 \\ +\ 29 \\ \hline 45 \end{array}$ ② $\begin{array}{r} 52 \\ -\ 45 \\ \hline 7 \end{array}$

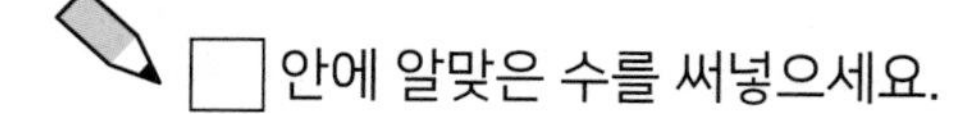

□ 안에 알맞은 수를 써넣으세요.

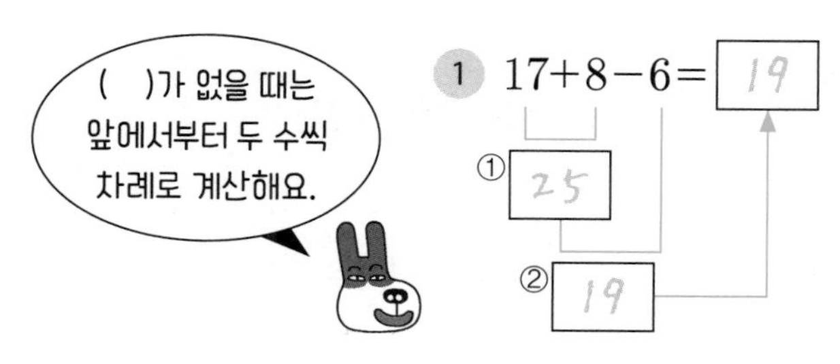

( )가 없을 때는
앞에서부터 두 수씩
차례로 계산해요.
1 17+8−6= 19
① 25
② 19

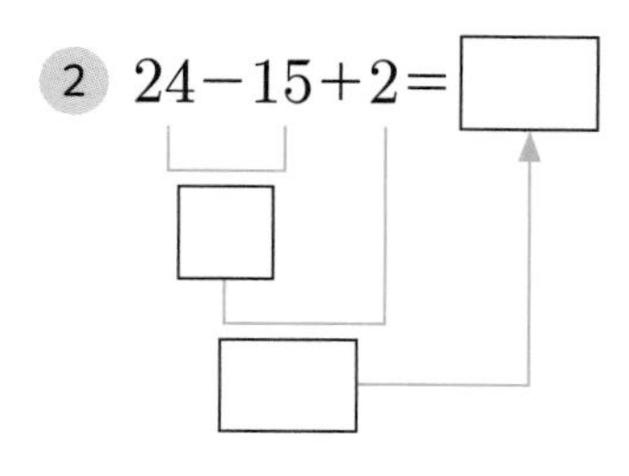

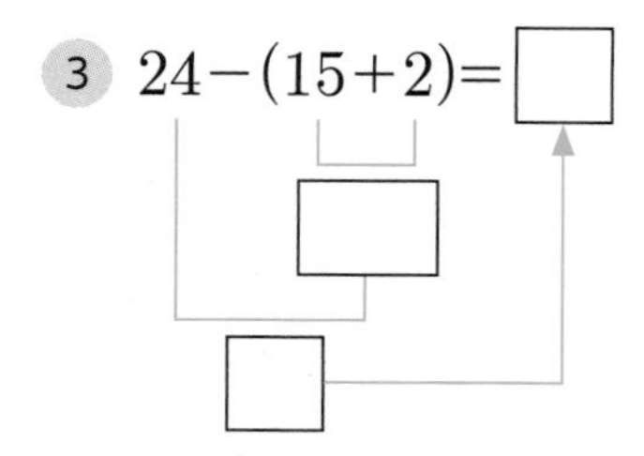

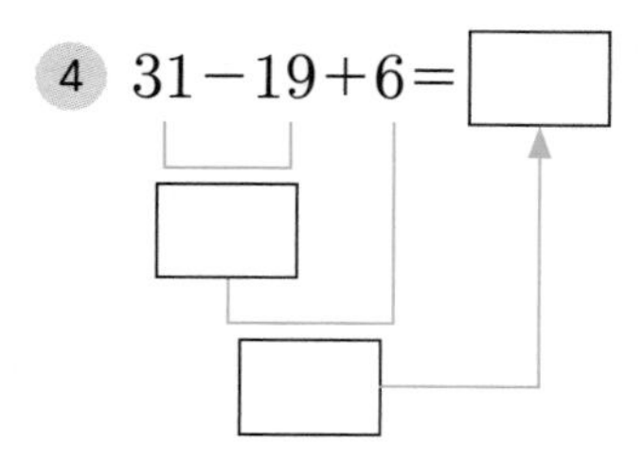

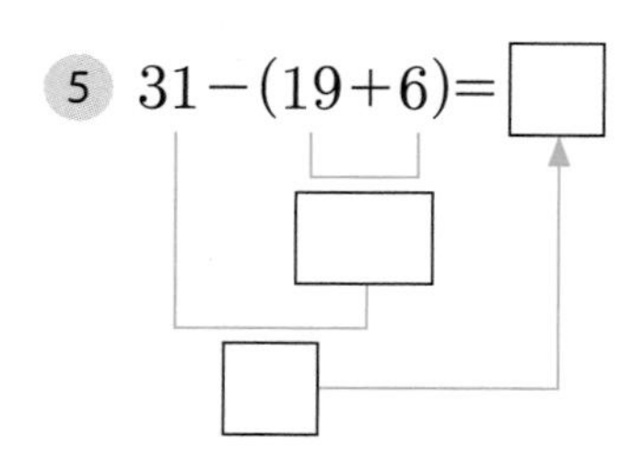

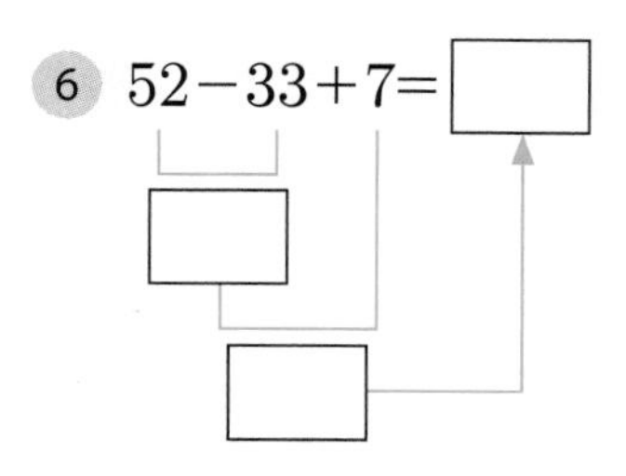

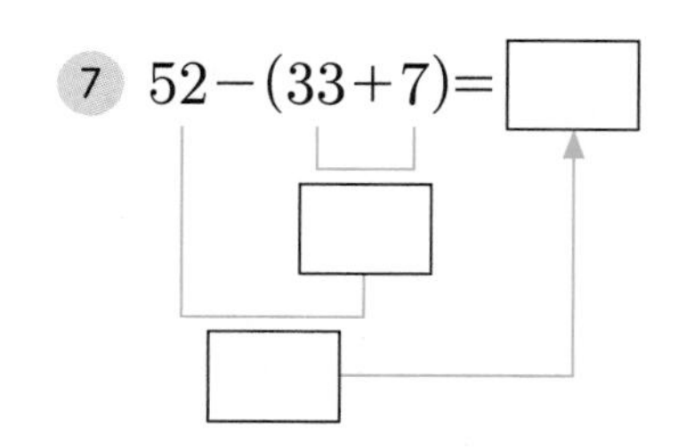

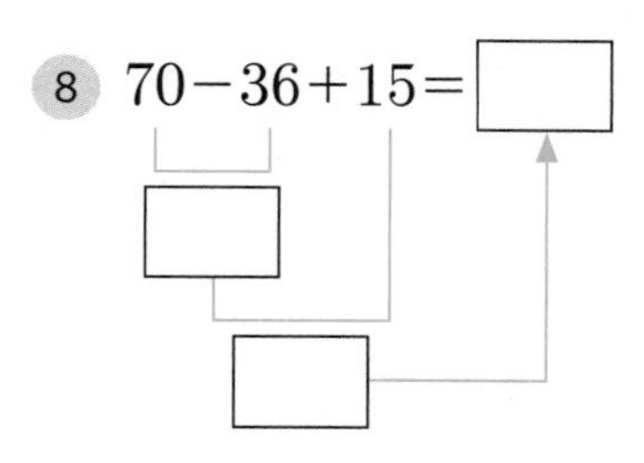

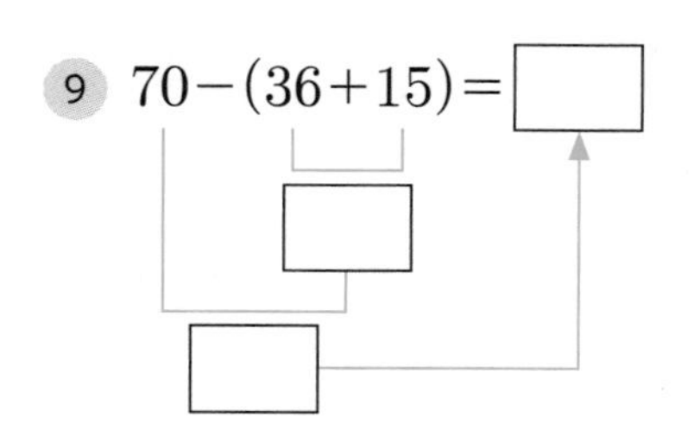

개념 다지기

보기 와 같이 계산 순서를 나타내고 계산해 보세요.

보기

$16-7+8=9+8=17$

①: $16-7$

②: $9+8$

1 $23-(9+12)=$

2 $19+(31-15)=$

3 $31-26+7=$

4 $12\times(3\times4)=$

5 $52-16+23=$

6 $60+29-26=$

7 $69-(41+27)=$

8 $55-36+29=$

9 $76-38-16=$

10 $510\div5=$

11 $88-(29+32)=$

계산해 보세요.

1. $21-15+36$

2. $34-(17+9)$

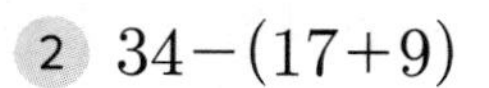

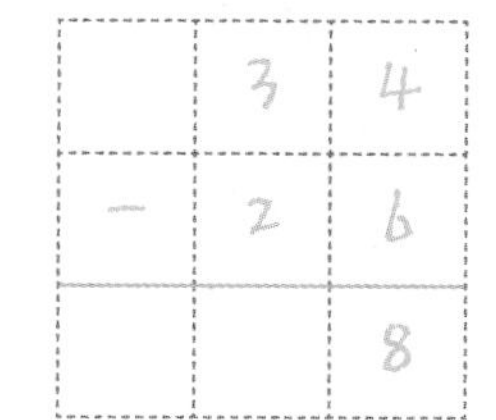

3. $29+36-38$

4. $41-24+13$

5. $46-(19+22)$

6. $55-(26+17)$

7. $64-(8+29)$

8. $60-28+29$

9. $69+15-37$

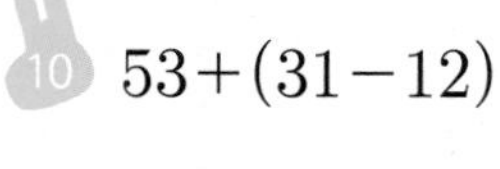
10. $53+(31-12)$

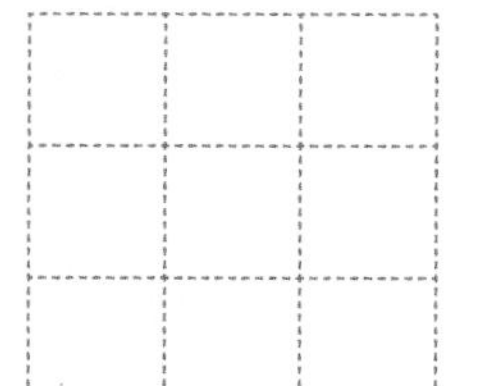

문제를 해결해 보세요.

1 지우는 5000원으로 800원짜리 공책 한 권과 1500원짜리 수첩 한 개를 샀습니다. 남은 돈은 얼마인가요?

( )원

2 버스에 31명이 타고 있습니다. 물음에 답하세요.

(1) 첫 번째 정류장에서 7명이 내렸습니다. 버스에 남은 사람은 몇 명인가요?

( )명

(2) 두 번째 정류장에서 9명이 탔습니다. 버스에 타고 있는 사람은 몇 명인가요?

( )명

(3) 세 번째 정류장에서 5명이 내리고 7명이 탔습니다. 버스에 타고 있는 사람은 몇 명인지 하나의 식으로 나타내고 답을 구해 보세요.

식________________ **답**____________명

개념 다시보기

□ 안에 알맞은 수를 써넣으세요.

1 $23+18-9=\square$

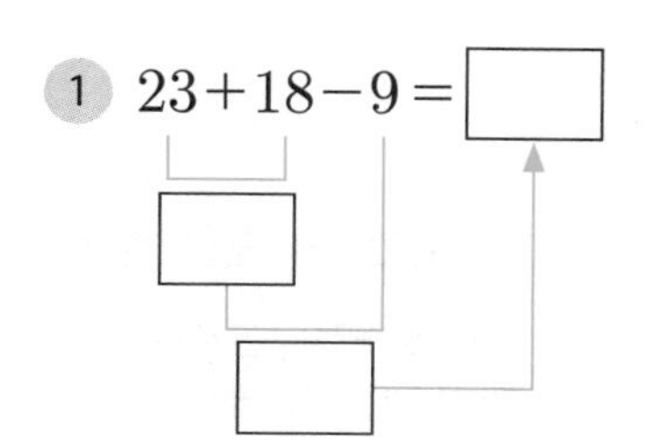

2 $52-(16+26)=\square$

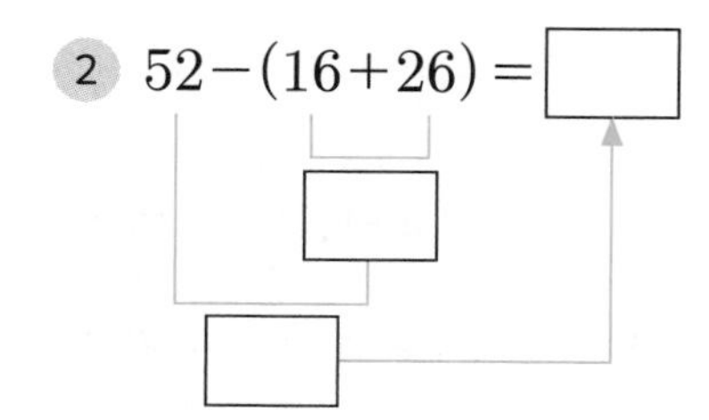

3 $31-8+17=\square$

4 $39+24-17=\square$

5 $45-(16+25)=\square$

6 $62-(9+33)=\square$

도전해 보세요

1 준우네 반의 학생 수는 남학생 14명, 여학생 13명입니다. 이 중에서 안경을 쓴 학생이 9명이라면 안경을 쓰지 않은 학생은 몇 명인지 하나의 식으로 나타내고 답을 구해 보세요.

식 ______________________

답 ______________ 명

2 +, −, ( )를 한 번씩 이용하여 식을 완성해 보세요.

$36 \square 13 \square 17=6$

2단계 곱셈과 나눗셈이 섞여 있는 식 계산하기

개념연결

3-2곱셈	4-1곱셈과 나눗셈		5-1자연수의 혼합 계산
(몇십몇)×(몇십몇)	(세 자리 수)÷(두 자리 수)	곱셈과 나눗셈이 섞여 있는 식 계산하기	덧셈, 뺄셈, 곱셈이 섞여 있는 식 계산하기
$18\times67=\boxed{1206}$	$288\div24=\boxed{12}$	$40\div5\times7=\boxed{56}$	$23+6\times9-5=\boxed{72}$

배운 것을 기억해 볼까요?

1 (1) $42\times38=$

(2) $67\times78=$

2 (1) $144\div12=$

(2) $775\div25=$

곱셈과 나눗셈이 섞여 있는 식을 계산할 수 있어요.

30초 개념 곱셈과 나눗셈이 섞여 있는 식을 계산할 때는 앞에서부터 차례로 계산해요.
(　)가 있을 때는 (　) 안을 먼저 계산해요.

$36\div6\times2$와 $36\div(6\times2)$의 계산

$36\div6\times2=12$

① $36\div6=6$

② $6\times2=12$

$36\div(6\times2)=3$

① $6\times2=12$

② $36\div12=3$

이런 방법도 있어요!

세로셈으로 차례로 계산하는 방법도 있어요.

$36\div(6\times2)$ ➡ ① $6\times2=12$ ② $36\div12=3$ (12)36, 36, 0)

□ 안에 알맞은 수를 써넣으세요.

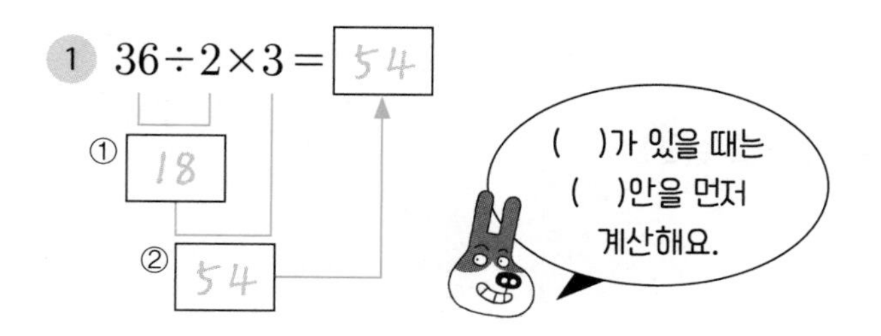
1 $36 \div 2 \times 3 =$ 54
① 18
② 54
( )가 있을 때는
( )안을 먼저
계산해요.

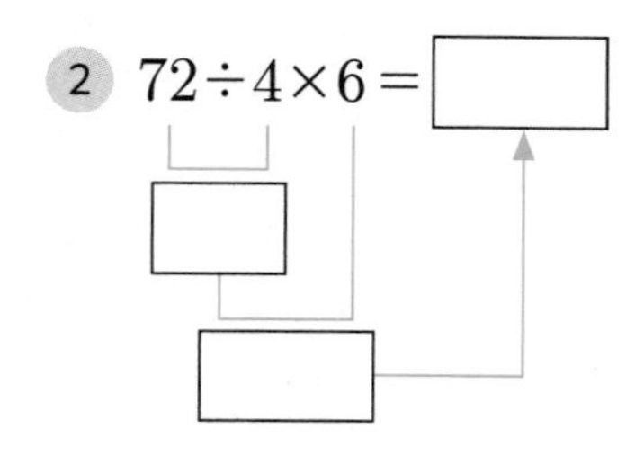
2 $72 \div 4 \times 6 =$

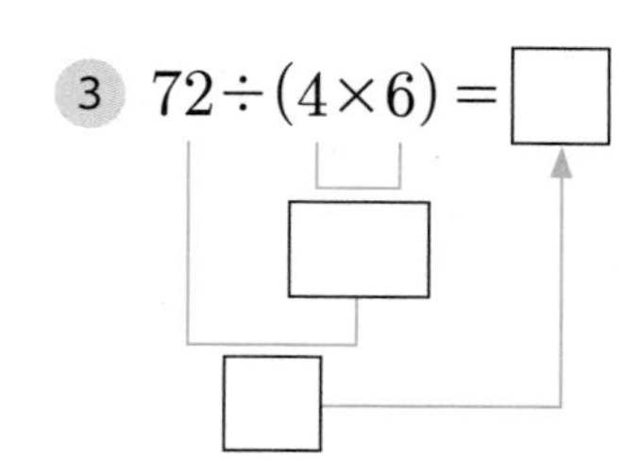
3 $72 \div (4 \times 6) =$

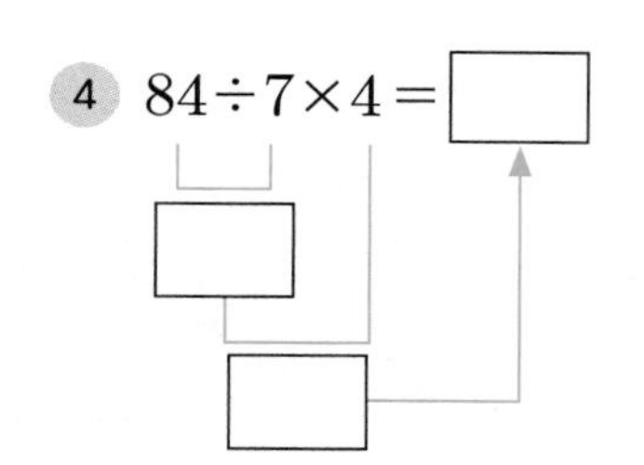
4 $84 \div 7 \times 4 =$

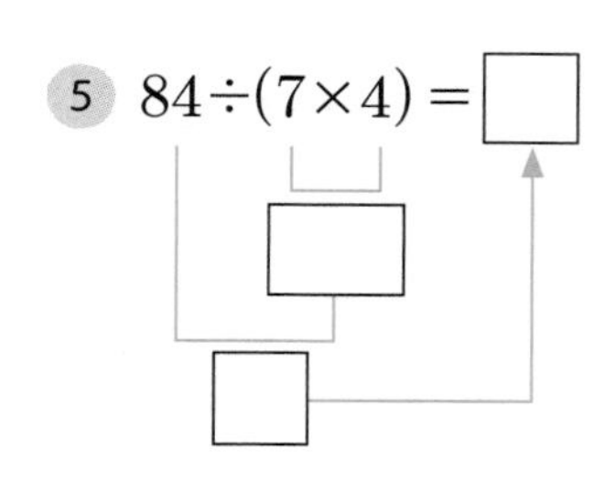
5 $84 \div (7 \times 4) =$

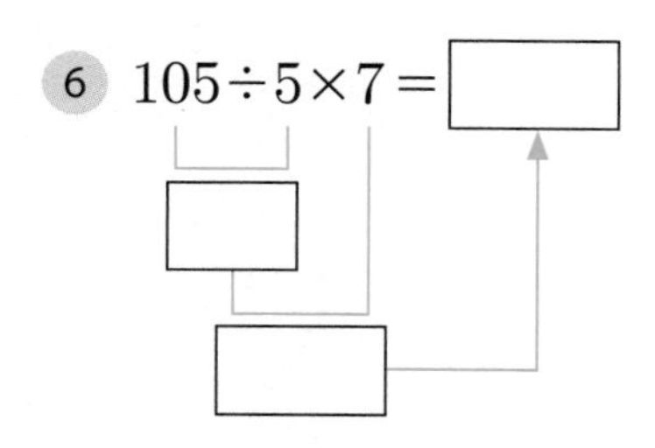
6 $105 \div 5 \times 7 =$

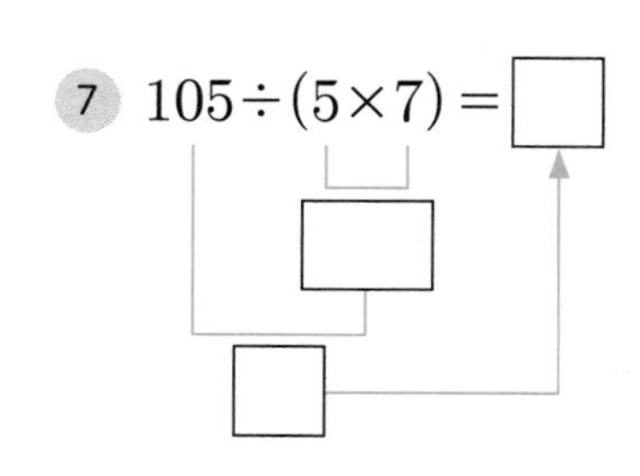
7 $105 \div (5 \times 7) =$

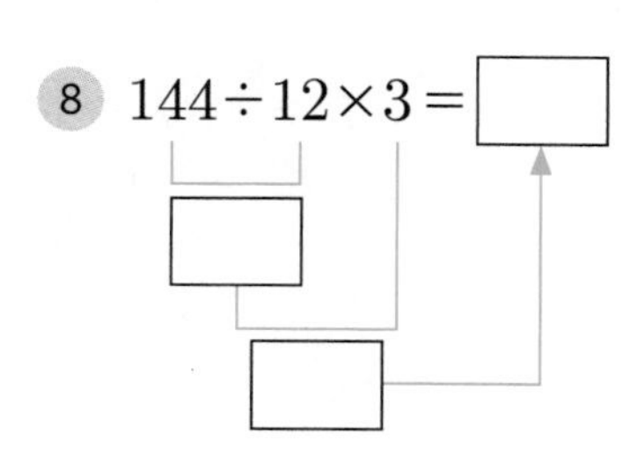
8 $144 \div 12 \times 3 =$

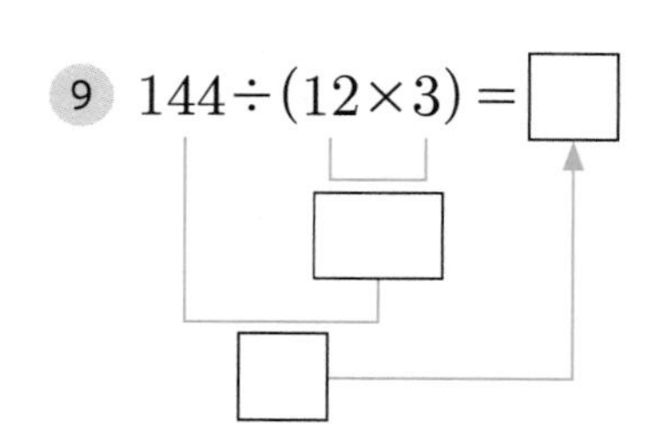
9 $144 \div (12 \times 3) =$

개념 다지기

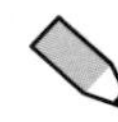 보기 와 같이 계산 순서를 나타내고 계산해 보세요.

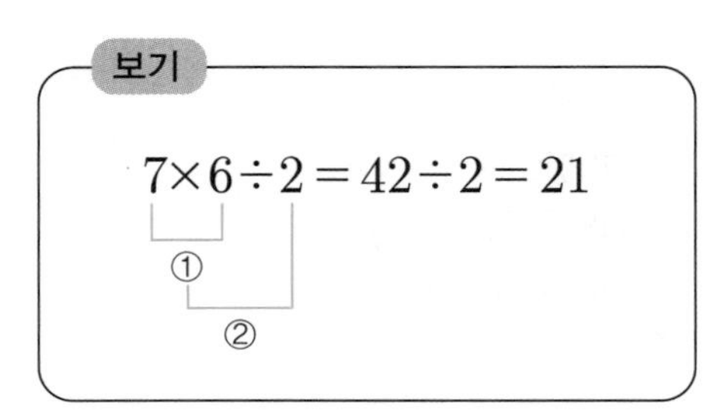

1 $7\times(6\div2)=$

2 $12\times9\div3=$

3 $12\times(9\div3)=$

4 $33+8-2=$

5 $33\times(8\div2)=$

6 $27\times12\div4=$

7 $27\times(12\div4)=$

8 $54\times6\div2=$

9 $54\times(6\div2)=$

10 $35\times15\div3=$

11 $35\times(15\div3)=$

계산해 보세요.

① $16\times2\div4$

$16\times2=32$, $32\div4=8$

② $24\div(3\times2)$

$3\times2=6$, $24\div6=4$

③ $15\times8\div10$

④ $30\div(3\times5)$

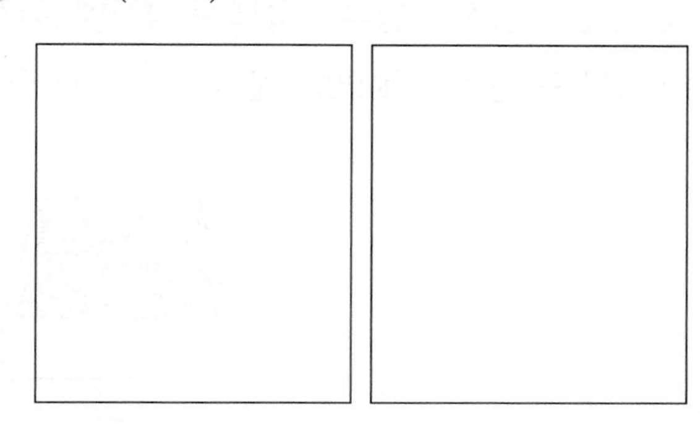

⑤ $34\times5\div2$

⑥ $48\times(9\div3)$

⑦ $60\div(3\times4)$

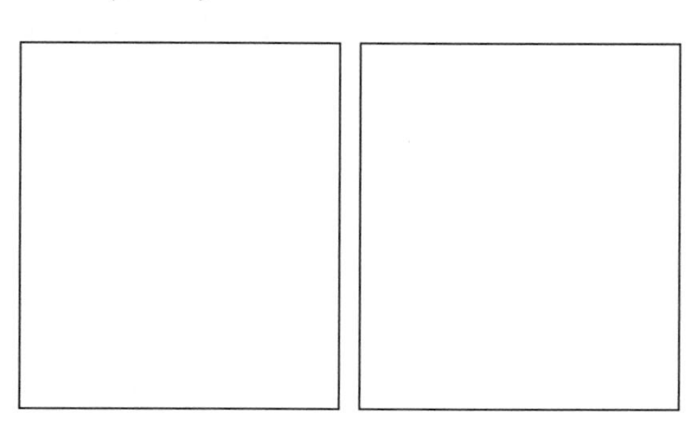

⑧ $80\div4\times12$

문제를 해결해 보세요.

1 초콜릿이 한 상자에 32개씩 들어 있습니다. 4상자에 든 초콜릿을 한 사람에게 8개씩 똑같이 나누어 준다면 모두 몇 명에게 나누어 줄 수 있는지 하나의 식으로 나타내고 답을 구해 보세요.

식 ______________________ 답 ______________ 명

2 수빈이는 친구 영우와 함께 한 상자에 6개씩 들어 있는 딱지를 3상자 샀습니다. 딱지는 한 상자에 900원입니다. 물음에 답하세요.

(1) 수빈이와 영우가 딱지를 똑같은 개수만큼 나누어 갖는다면 몇 장씩 갖게 되는지 하나의 식으로 나타내고 답을 구해 보세요.

식 ______________________ 답 ______________ 장

(2) 수빈이와 영우가 딱지를 산 금액을 똑같이 나눠서 낸다면 얼마씩 내야 하는지 하나의 식으로 나타내고 답을 구해 보세요.

식 ______________________ 답 ______________ 원

개념 다시보기

☐ 안에 알맞은 수를 써넣으세요.

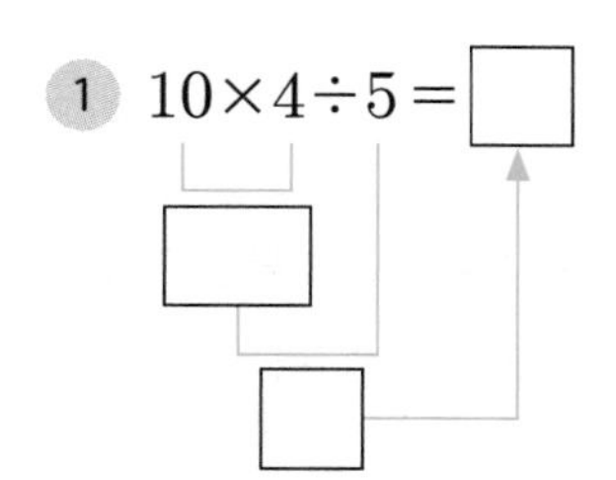

1 $10\times4\div5=$ ☐

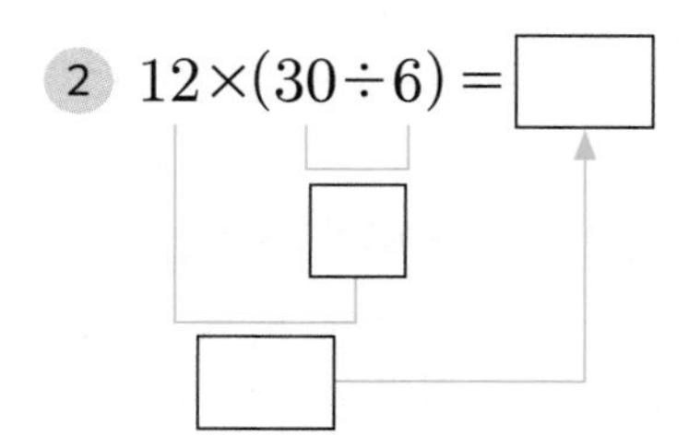

2 $12\times(30\div6)=$ ☐

3 $24\div8\times15=$ ☐

4 $48\div(8\times3)=$ ☐

5 $63\times5\div7=$ ☐

6 $70\div(7\times2)=$ ☐

도전해 보세요

1 재윤이네 반 학생 수는 모두 28명입니다. 4명씩 한 모둠이 되어 모둠 별로 머핀을 12개씩 만들었을 때 재윤이네 반 학생들이 만든 머핀은 모두 몇 개인지 하나의 식으로 나타내고 답을 구해 보세요.

식 ____________________

답 ____________________ 개

2 어떤 수를 9로 나눈 값에 15를 곱했더니 120이 되었습니다. 어떤 수는 얼마인가요?

(   )

3단계 덧셈, 뺄셈, 곱셈이 섞여 있는 식 계산하기

개념연결

5-1자연수의 혼합 계산	5-1자연수의 혼합 계산		5-1자연수의 혼합 계산
덧셈과 뺄셈이 섞여 있는 식 계산하기	곱셈과 나눗셈이 섞여 있는 식 계산하기	덧셈, 뺄셈, 곱셈이 섞여 있는 식 계산하기	덧셈, 뺄셈, 나눗셈이 섞여 있는 식 계산하기
$63-(37+16)=\boxed{10}$	$40\div5\times7=\boxed{56}$	$23+6\times9-5=\boxed{72}$	$32+27\div9-5=\boxed{30}$

배운 것을 기억해 볼까요?

1 (1) $50-13+29=$

(2) $50-(13+29)=$

2 (1) $42-19+17=$

(2) $42-(19+17)=$

3 (1) $90\times15\div3=$

(2) $90\times(15\div3)=$

덧셈, 뺄셈, 곱셈이 섞여 있는 식을 계산할 수 있어요.

30초 개념 덧셈, 뺄셈, 곱셈이 섞여 있는 식은 곱셈을 먼저 계산하고, 덧셈과 뺄셈은 앞에서부터 차례로 계산해요.( )가 있을 때는 ( ) 안을 먼저 계산해요.

$36-3\times4+6$과 $36-3\times(4+6)$의 계산

$36-3\times4+6=36-12+6$
$=24+6$
$=30$

(① 3×4, ② $36-12$, ③ $24+6$)

$36-3\times(4+6)=36-3\times10$
$=36-30$
$=6$

(① $4+6$, ② 3×10, ③ $36-30$)

이런 방법도 있어요!

세로셈으로 차례로 계산하는 방법도 있어요.

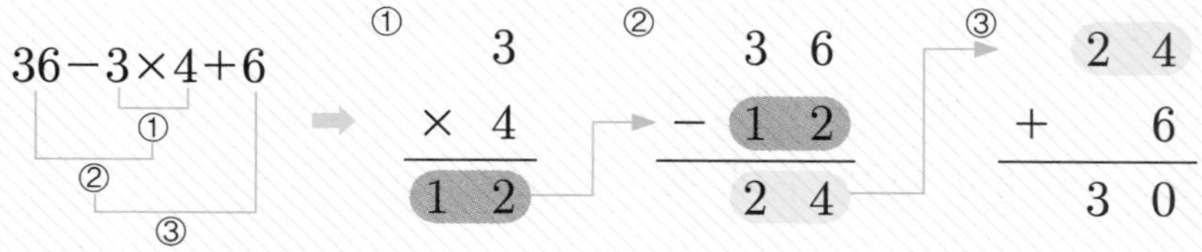

$36-3\times4+6$ ➡ ① $3\times4=12$ → ② $36-12=24$ → ③ $24+6=30$

□ 안에 알맞은 수를 써넣으세요.

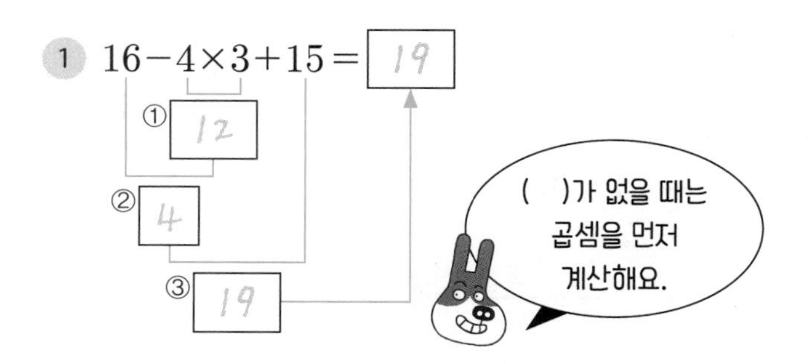

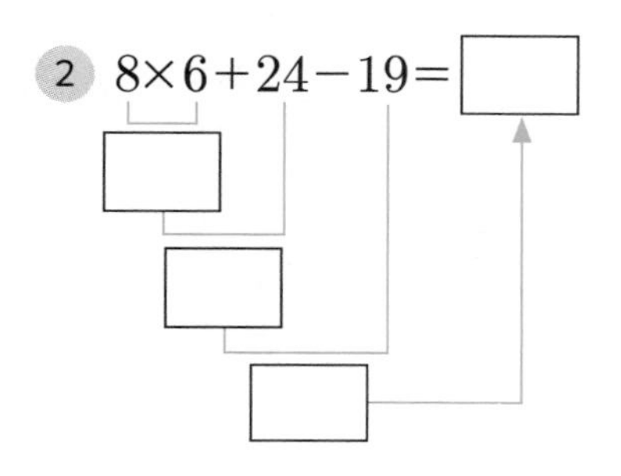

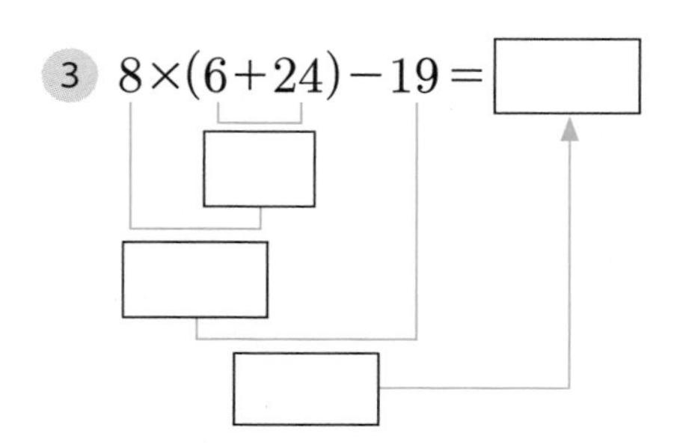

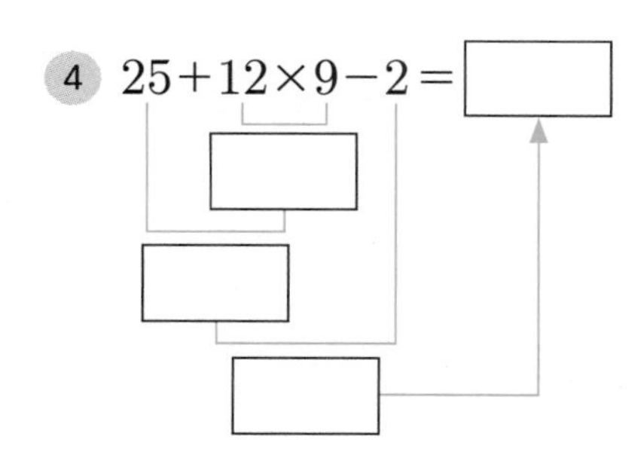

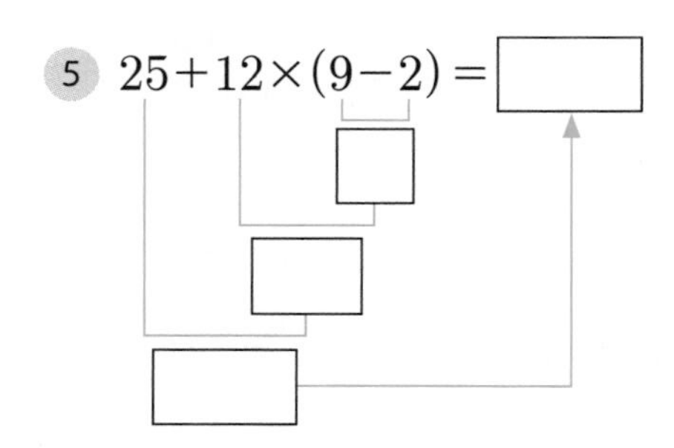

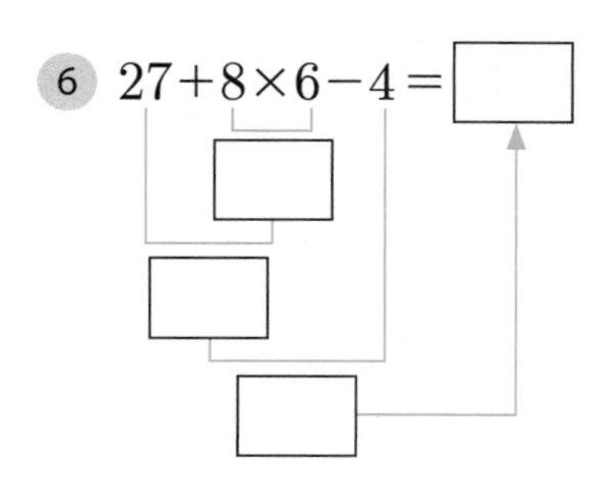

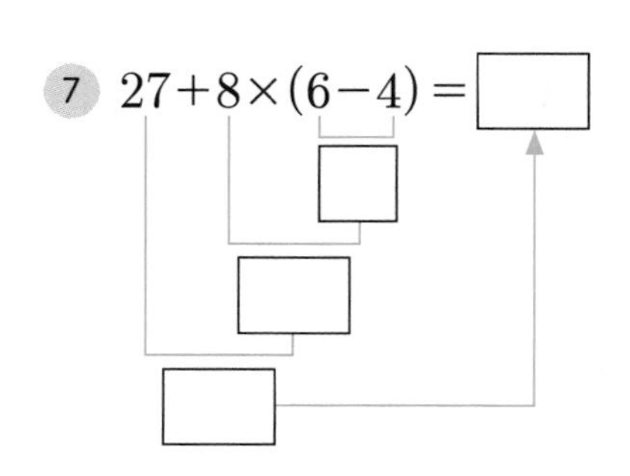

개념 다지기

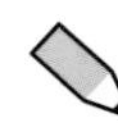

보기 와 같이 계산 순서를 나타내고 계산해 보세요.

보기

$$\underbrace{\underbrace{52-9}_{\text{②}}+\underbrace{12\times3}_{\text{①}}}_{\text{③}}=52-9+36$$
$$=43+36$$
$$=79$$

1 $34+5\times(17-8)=$

2 $29+15\times6-3=$

3 $17\times(12-9)+42=$

4 $32\times(6\div2)\times14=$

5 $35\times(13-7)+25=$

6 $46-8\times5+17=$

7 $(23-8)+15-21=$

8 $55-4\times(2+6)=$

9 $61-5\times3+15=$

10 $72-4\times(9+3)=$

11 $155-7\times(31-19)=$

계산해 보세요.

1 $15+(9-3)\times 2$

$9 - 3 = 6$	$6 \times 2 = 12$	$15 + 12 = 27$

2 $(30-17)\times 6+5$

3 $5\times(12\times 4)-32$

4 $36-(21-19)\times 4$

5 $21+9\times 12-24$

6 $14\times(3+16)-29$

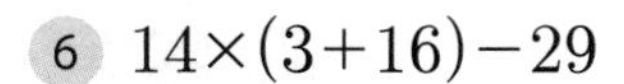

7 $42\times(35-17)+13$

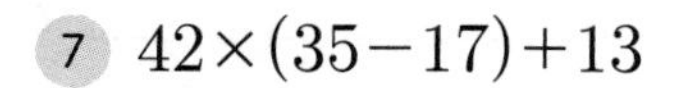

8 $57-2\times(10-7)$

문제를 해결해 보세요.

1 예슬이는 12살이고, 동생은 예슬이보다 3살 어립니다.
어머니 나이는 예슬이 동생 나이의 4배보다 6살 더 많습니다.
예슬이 어머니 나이는 몇 살인지 하나의 식으로 나타내고 답을 구해보세요.

식 ______________________ 답 ____________ 살

2 윗접시 저울의 왼쪽 접시에 분동 100 g짜리 1개, 5 g짜리 3개를 올려놓고
오른쪽 접시에는 20 g짜리 분동 1개와 귤 1개를 올려놓았더니 수평이 되었습니다.
그림을 보고 물음에 답하세요.

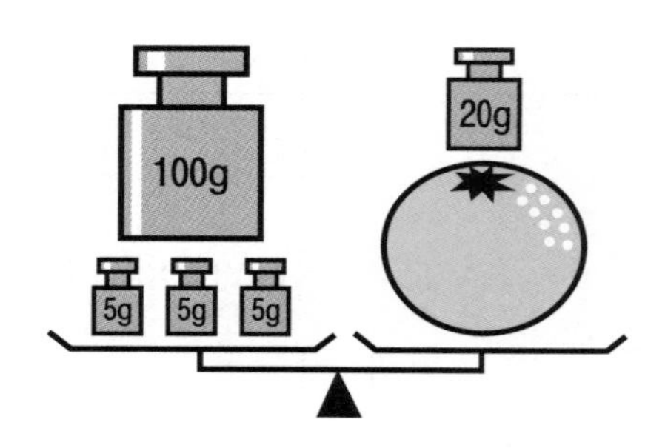

(1) 왼쪽 접시에 있는 분동의 무게는 모두 몇 g인지 식을 쓰고 답을 구해 보세요.

식 ______________________ 답 ____________ g

(2) 귤 한 개의 무게는 몇 g인지 하나의 식으로 나타내고 답을 구해 보세요.

식 ______________________ 답 ____________ g

개념 다시보기

□ 안에 알맞은 수를 써넣으세요.

1 $27+8\times7-5=\square$

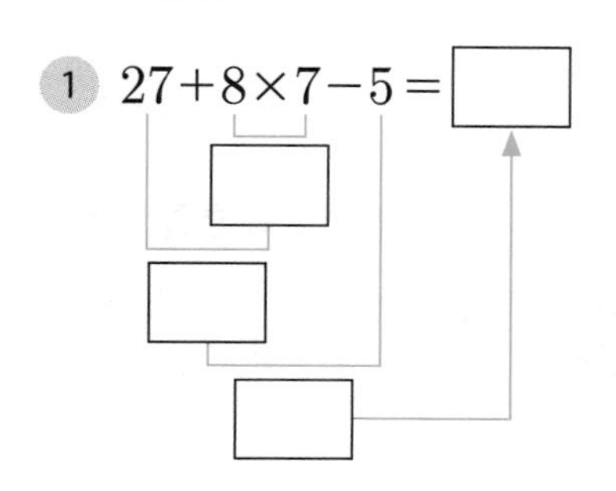

2 $27+8\times(7-5)=\square$

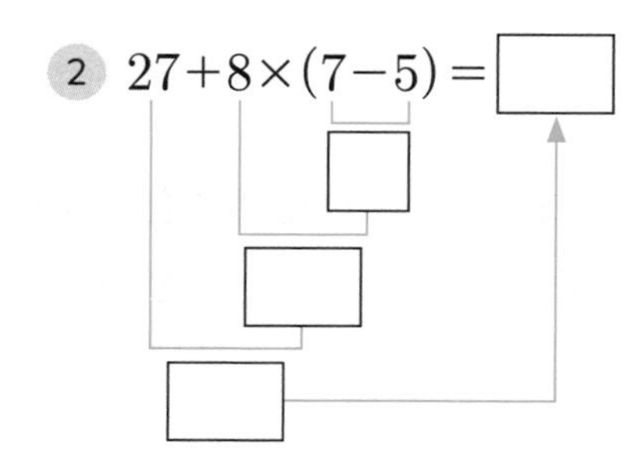

3 $(27+8)\times7-5=\square$

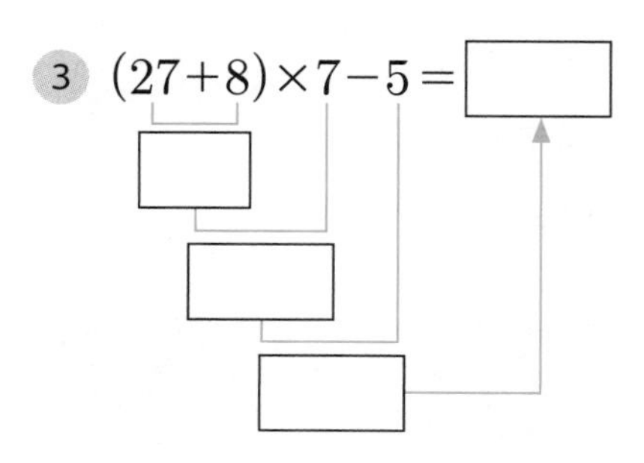

4 $(14+3)\times6-21=\square$

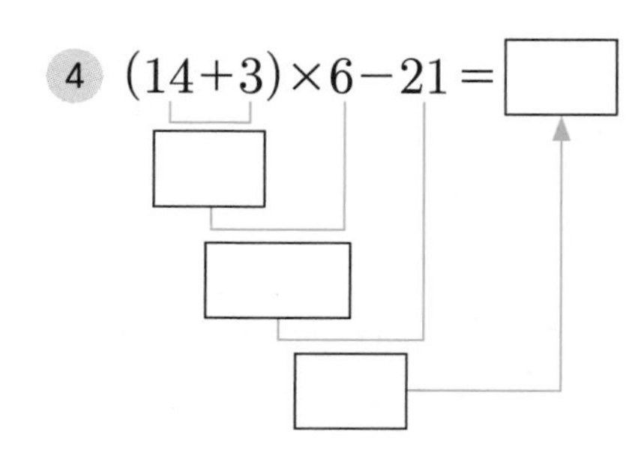

5 $36+(21-14)\times4=\square$

6 $42-(9+2)\times3=\square$

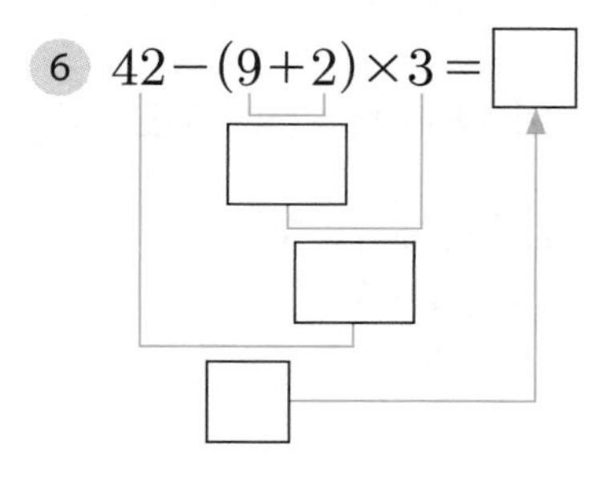

도전해 보세요

1 사탕 40개가 있습니다. 여학생 3명과 남학생 4명에게 각각 5개씩 나누어 주면 남는 사탕은 몇 개인지 하나의 식으로 나타내고 답을 구해 보세요.

식 ____________________

답 ____________________ 개

2 식이 성립하도록 ( )로 묶어 보세요.

$78-5\times3+9=18$

4단계 덧셈, 뺄셈, 나눗셈이 섞여 있는 식 계산하기

개념연결

5-1자연수의 혼합 계산	5-1자연수의 혼합 계산		5-1자연수의 혼합 계산
곱셈과 나눗셈이 섞여 있는 식 계산하기	덧셈, 뺄셈, 곱셈이 섞여 있는 식 계산하기	덧셈, 뺄셈, 나눗셈이 섞여 있는 식 계산하기	덧셈, 뺄셈, 곱셈, 나눗셈이 섞여 있는 식 계산하기
$40\div5\times7=\boxed{56}$	$23+6\times9-5=\boxed{72}$	$32+27\div9-5=\boxed{30}$	$40\div5-7+14\times3=\boxed{43}$

배운 것을 기억해 볼까요?

1 (1) $24\div3\times2=$

(2) $24\div(3\times2)=$

2 (1) $(15+7)\times4-2=$

(2) $15+7\times(4-2)=$

덧셈, 뺄셈, 나눗셈이 섞여 있는 식을 계산할 수 있어요.

30초 개념 덧셈, 뺄셈, 나눗셈이 섞여 있는 식은 나눗셈을 먼저 계산하고, 덧셈과 뺄셈은 앞에서부터 차례로 계산해요. (　)가 있을 때는 (　) 안을 먼저 계산해요.

$16+24\div8-5$**와** $16+24\div(8-5)$**의 계산**

$$16+24\div8-5=16+3-5=19-5=14$$

①: $24\div8$, ②: $16+3$, ③: $19-5$

$$16+24\div(8-5)=16+24\div3=16+8=24$$

①: $8-5$, ②: $24\div3$, ③: $16+8$

이런 방법도 있어요!

세로셈으로 차례로 계산하는 방법도 있어요.

$16+24\div8-5$ (① $24\div8$, ② $16+$, ③ -5) ➡

① $24\div8=3$ (8)24 → 24, 나머지 0)

② $16+3=19$

③ $19-5=14$

□ 안에 알맞은 수를 써넣으세요.

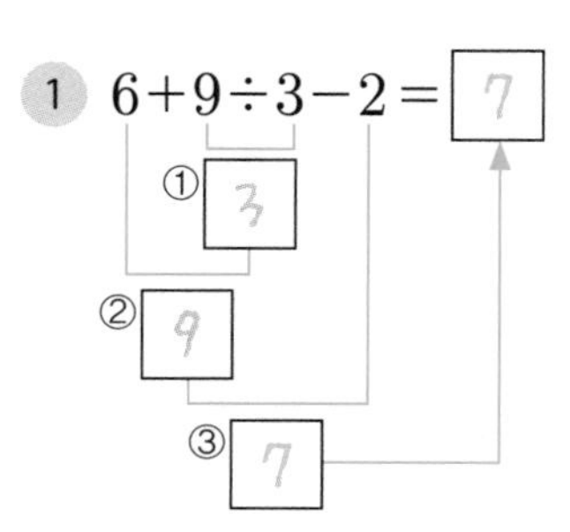

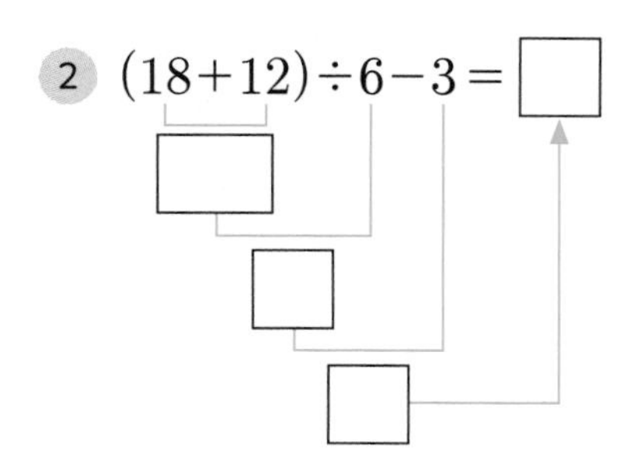

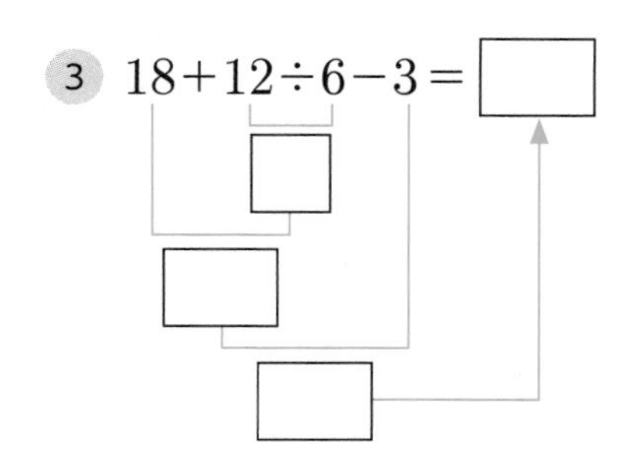

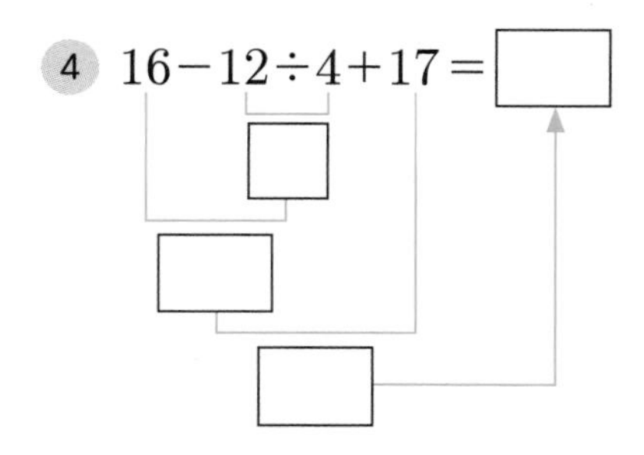

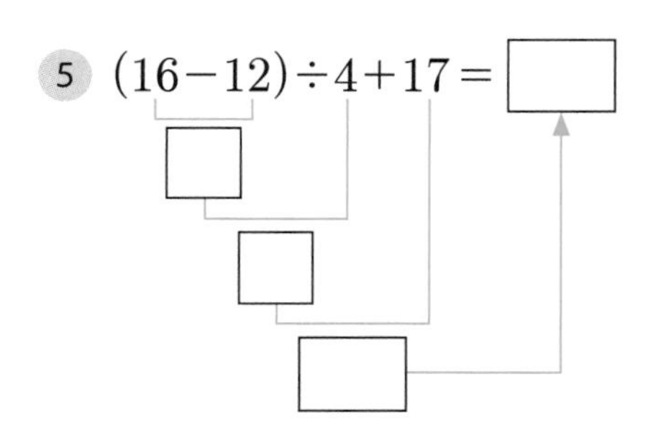

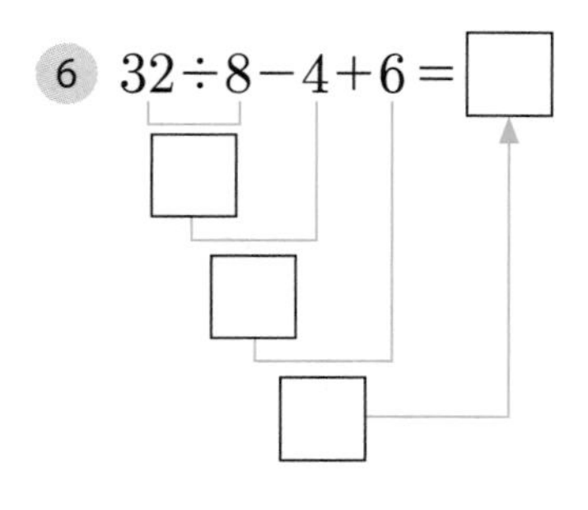

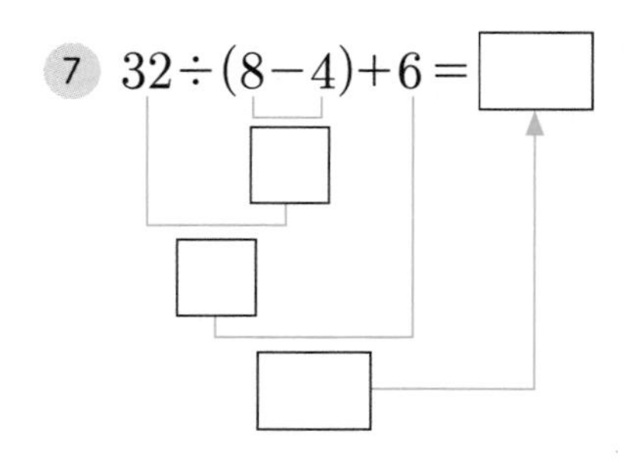

( )가 있는 식과 없는 식의 계산 순서와 계산 결과를 비교하면서 문제를 풀어 보세요.

개념 다지기

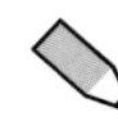

보기 와 같이 계산 순서를 나타내고 계산해 보세요.

보기

$12+15\div3-7=12+5-7$
$=17-7$
$=10$

① $15\div3$, ② $12+5$, ③ $17-7$

1 $(12+15)\div3-7=$

2 $24-18\div6+12=$

3 $24-(18\div6)+12=$

4 $(35+14)\div7-6=$

5 $35+14\div7-6=$

6 $63\div7+2-5=$

7 $63\div(7+2)-5=$

8 $72\div(12-3)+9=$

9 $72\div12-3+9=$

10 $90-45\div5+17=$

11 $(90-45)\div5+17=$

계산 순서를 나타내고 계산해 보세요.

1 $9-48\div8+4=$

2 $9-48\div(8+4)=$

3 $20-8\div4+12=$

4 $(20-8)\div4+12=$

5 $32-27\div3+6=$

6 $32-27\div(3+6)=$

7 $45+(36-18)\div3=$

8 $45+36-18\div3=$

9 $27+36\div(21-3)=$

10 $(27+36)\div21-3=$

11 $(56-35)\div7+12=$

12 $56-35\div7+12=$

문제를 해결해 보세요.

1 수린이는 문구점에 가서 1500원짜리 수첩 한 권, 한 타에 7200원 하는 색연필 한 자루를 샀습니다. 수린이가 5000원을 내고 받은 거스름돈은 얼마인지 하나의 식으로 나타내고 답을 구해 보세요.(단, 색연필 한 타는 12자루입니다.)

식 ______________________ 답 __________ 원

2 지구에서 잰 무게는 달에서 잰 무게보다 약 6배가 더 무겁습니다. 표를 보고 물음에 답하세요.

지구에서 잰 몸무게

이름	몸무게(kg)
가은	42
누리	48

(1) 가은이와 누리가 달에서 잰 몸무게의 합은 얼마인지 하나의 식으로 나타내고 답을 구해 보세요.

식 ______________________ 답 __________ kg

(2) 선생님의 몸무게가 78 kg입니다. 달에서는 가은이와 누리의 몸무게의 합과 선생님의 몸무게가 얼마나 차이가 나는지 하나의 식으로 나타내고 답을 구해 보세요.

식 ______________________ 답 __________ kg

개념 다시보기

☐ 안에 알맞은 수를 써넣으세요.

1 $8+36\div(23-17)=\square$

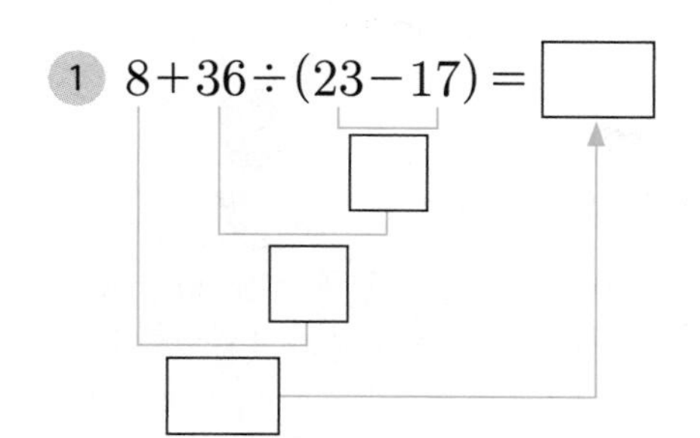

2 $15-12\div3+9=\square$

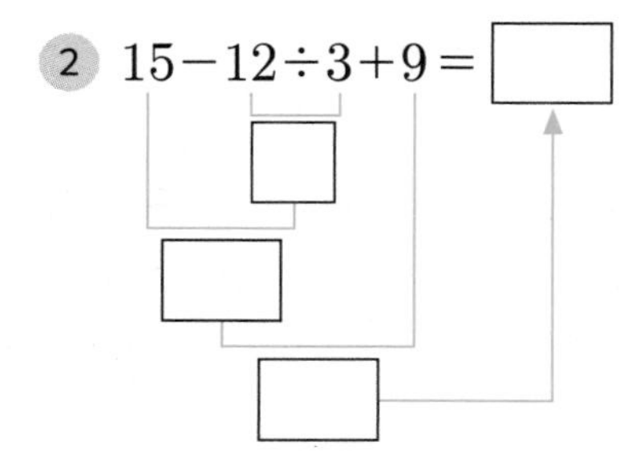

3 $27+(36-15)\div7=\square$

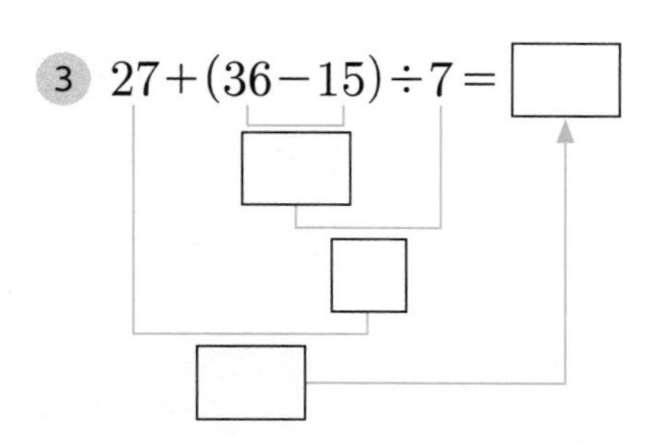

4 $(42-18)\div8+7=\square$

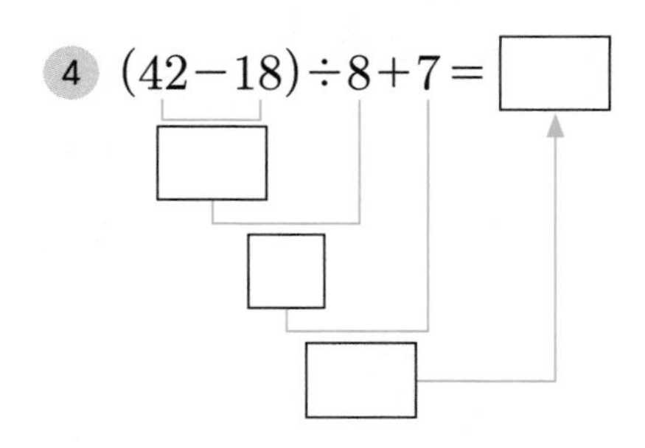

5 $51-24+18\div6=\square$

6 $(61+14)\div15-2=\square$

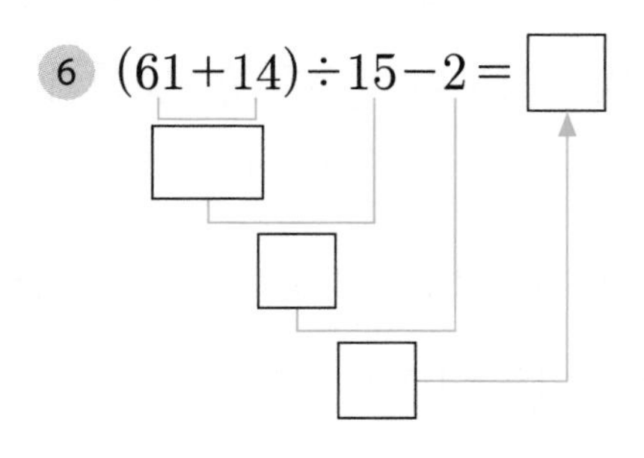

도전해 보세요

1 샌드위치 한 개의 값은 3200원, 과자 3 봉지의 값은 2700원, 초콜릿 한 개의 값은 1400원입니다. 샌드위치 한 개의 값은 과자 한 봉지와 초콜릿 한 개를 합한 값보다 얼마나 더 비싼지 하나의 식으로 나타내고 답을 구해 보세요.

식 ____________________

답 ____________ 원

2 ☐ 안에 알맞은 수를 써넣으세요.

$42+14\div\square-5=39$

5단계 덧셈, 뺄셈, 곱셈, 나눗셈이 섞여 있는 식 계산하기

개념연결

5-1자연수의 혼합 계산	5-1자연수의 혼합 계산	5-1자연수의 혼합 계산	
곱셈, 나눗셈이 섞여 있는 식 계산하기	덧셈, 뺄셈, 곱셈이 섞여 있는 식 계산하기	덧셈, 뺄셈, 나눗셈이 섞여 있는 식 계산하기	덧셈, 뺄셈, 곱셈, 나눗셈이 섞여 있는 식 계산하기
$40\div5\times7=\boxed{56}$	$23+6\times9-5=\boxed{72}$	$32+27\div9-5=\boxed{30}$	$40\div5-7+14\times3=\boxed{43}$

배운 것을 기억해 볼까요?

1 (1) $100\div5\times4=$
(2) $100\div(5\times4)=$

2 (1) $25-3\times5+3=$
(2) $25-3\times(5+3)=$

3 (1) $34+35\div7-2=$
(2) $34+35\div(7-2)=$

덧셈, 뺄셈, 곱셈, 나눗셈이 섞여 있는 식을 계산할 수 있어요.

30초 개념 덧셈, 뺄셈, 곱셈, 나눗셈이 섞여 있는 식은 곱셈과 나눗셈을 먼저 앞에서부터 계산하고, 덧셈과 뺄셈은 차례로 계산해요.
(　　)가 있을 때는 (　　) 안을 먼저 계산해요.

$12+3\times16-4\div2$와 $12+3\times(16-4)\div2$의 **계산**

$$12+3\times16-4\div2=12+48-2$$
$$=60-2$$
$$=58$$

①: 3×16, ②: $4\div2$, ③: $12+48$, ④: $60-2$

$$12+3\times(16-4)\div2=12+3\times12\div2$$
$$=12+36\div2$$
$$=12+18$$
$$=30$$

①: $16-4$, ②: 3×12, ③: $36\div2$, ④: $12+18$

이런 방법도 있어요!

세로셈으로 차례로 계산하는 방법도 있어요.

$12+3\times16-4\div2$ (① 3×16, ② $4\div2$, ③, ④) ➡

① $3\times16=48$

② $4\div2=2$ (2)4, 4, 0)

③ $12+48=60$

④ $60-2=58$

□ 안에 알맞은 수를 써넣으세요.

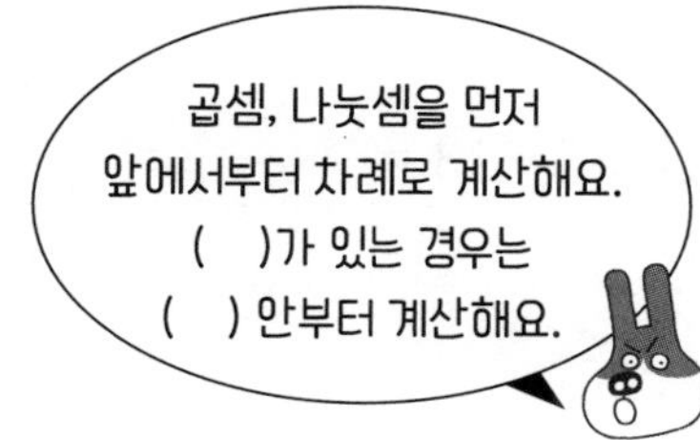

곱셈, 나눗셈을 먼저
앞에서부터 차례로 계산해요.
( )가 있는 경우는
( ) 안부터 계산해요.

1 $6+3\times4\div6-7=$ 1

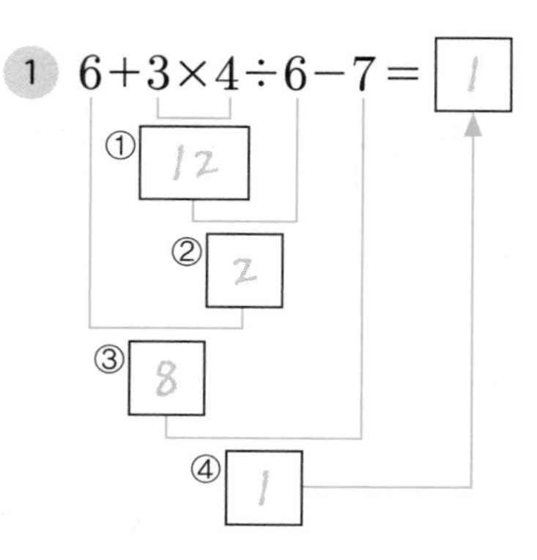

2 $9+24\div4\times3-11=$ □

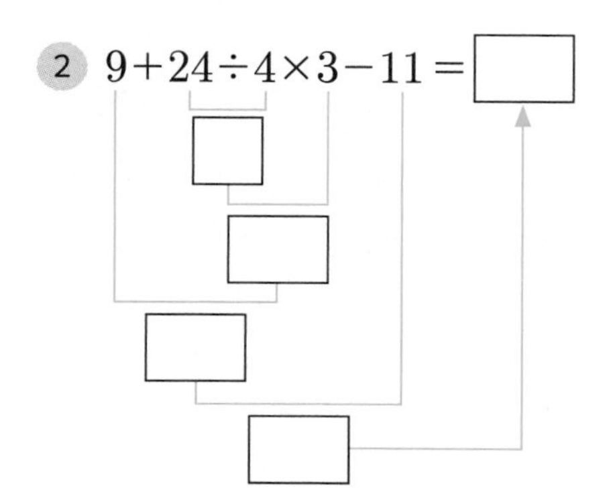

3 $9+24\div(4\times3)-11=$ □

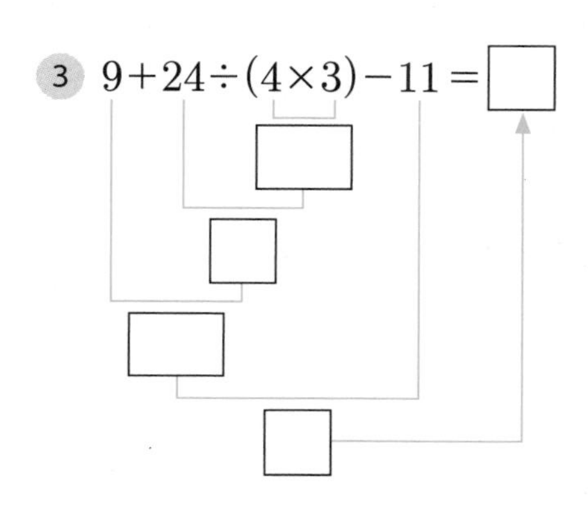

4 $36\div(3+6)\times9-12=$ □

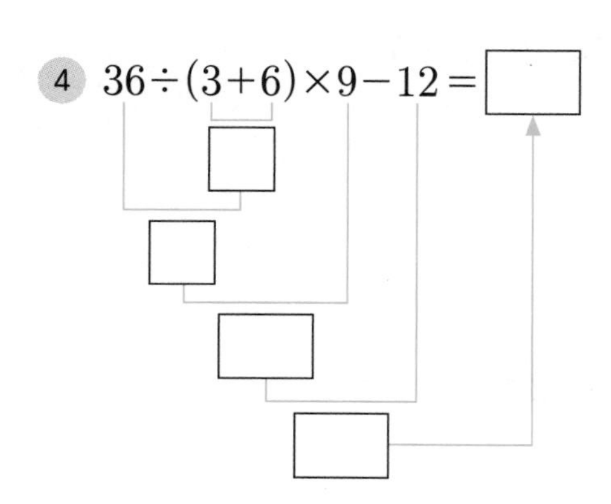

5 $36\div3+6\times9-12=$ □

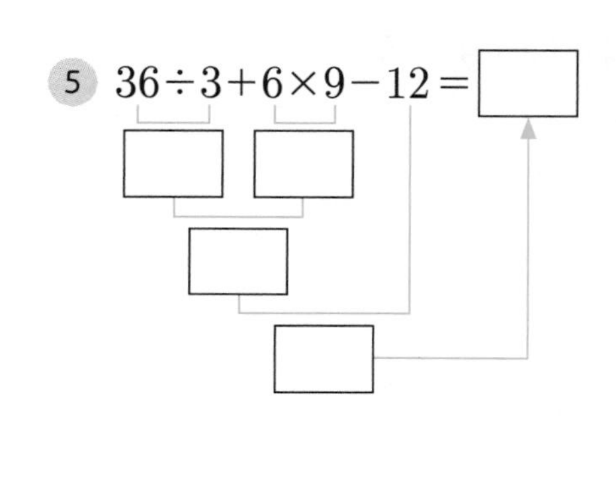

6 $40+52\div13\times8-5=$ □

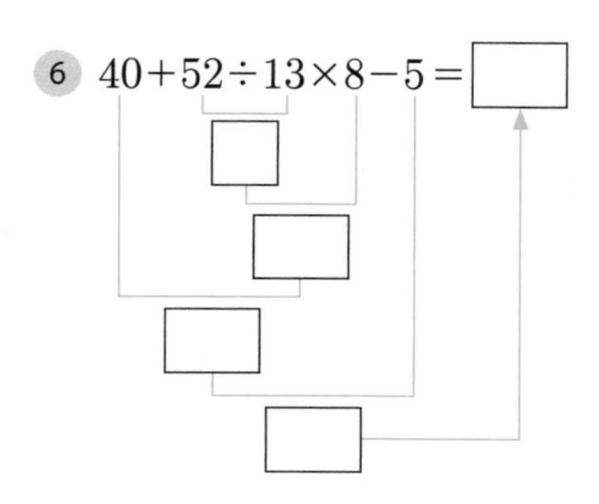

7 $40+52\div13\times(8-5)=$ □

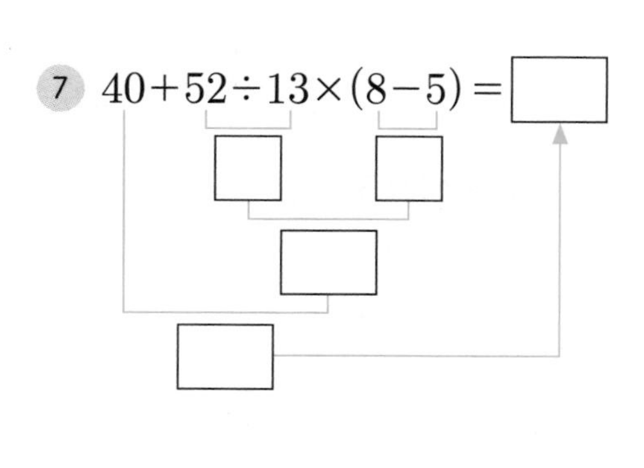

개념 다지기

보기 와 같이 계산 순서를 나타내고 계산해 보세요.

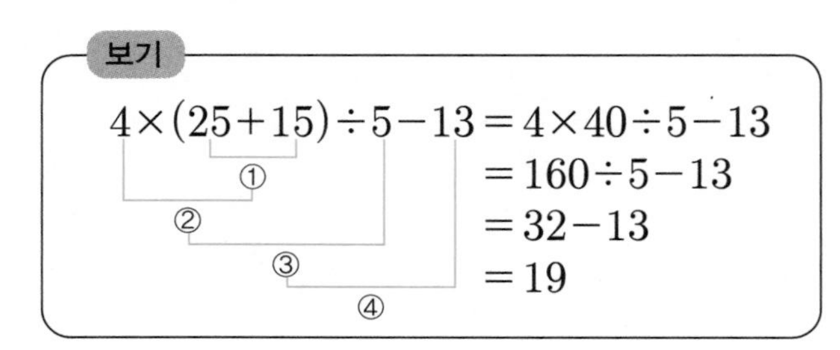

1 $4\times25+15\div5-13=$

2 $12+20\div4\times7-21=$

3 $(12+20)\div4\times7-21=$

4 $26-(24+18)\div6+14=$

5 $26-24+18\div6+14=$

6 $32+54\div(2\times9)-5=$

7 $32+54\div2\times9-5=$

8 $60\div6+(23-9)\times3=$

9 $60\div6+23-9\times3=$

10 $91-72\div(8+4)\times5=$

11 $91-72\div8+4\times5=$

계산 순서를 나타내고 계산해 보세요.

1 $3\times(36\div4)+8-5=$

2 $3\times36\div(4+8)-5=$

3 $12\times8-6+21\div7=$

4 $12\times(8-6)+21\div7=$

5 $27+(9+18)\div9\times3=$

6 $27+9+18\div9\times3=$

7 $40-63\div7\times3+5=$

8 $40-63\div(7\times3)+5=$

9 $75-(5+7)\times6\div3=$

10 $75-5+7\times(6\div3)=$

11 $16+84\div4-3\times7=$

12 $(16+84)\div4-3\times7=$

 문제를 해결해 보세요.

1 온도를 나타내는 단위에는 섭씨(℃)와 화씨(℉)가 있습니다.
섭씨온도는 화씨온도에서 32를 뺀 수에 10을 곱하고 18로 나누어 구합니다.
화씨온도 59도를 섭씨(℃)로 나타내면 몇 도인가요?

식 ______________________ 답 ____________ ℃

2 열량은 몸속에서 발생하는 에너지의 양입니다. 물음에 답하세요.

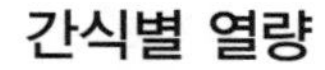
간식별 열량

간식	열량(kcal)
호두파이(6조각)	1650
포도(100 g)	48
주스(1병)	87
케이크(8조각)	2016
아몬드(100 g)	596
우유(100 g)	65

MILK
혜민이가 먹은 간식
호두파이 1조각
포도 200 g
주스 1병
지민이가 먹은 간식
케이크 1조각
아몬드 100 g
우유 200 g

(1) 혜민이가 간식을 먹고 운동으로 200 kcal를 소모한 후의 열량은 몇 kcal인지 하나의 식으로 나타내고 답을 구해 보세요,

식 ______________________ 답 ____________ kcal

(2) 지민이가 간식을 먹고 운동으로 150 kcal를 소모한 후의 열량은 몇 kcal인지 하나의 식으로 나타내고 답을 구해 보세요,

식 ______________________ 답 ____________ kcal

개념 다시보기

계산 순서를 나타내고 계산해 보세요.

1 $20+4\times3\div2-6=$

2 $(8+5)\times2-36\div9=$

3 $21-21\div7+15\times3=$

4 $45-(17+8)\div5\times4=$

5 $9+5\times(33-17)\div4=$

6 $63\div7\times12-14+19=$

7 $64\div8+2\times(15-9)=$

8 $96\div3-3+2\times4=$

도전해 보세요

1 수 카드 2, 4, 6을 한 번씩만 사용하여 보기 의 계산 결과가 가장 큰 식을 만들고 그 값을 구해 보세요.

보기

$64\div(\square\times\square)-\square$

식 ______________________

답 ______________

2 $\square$ 안에 알맞은 수를 써넣으세요.

$\square-(8+7)\times5\div3=11$

6단계 약수와 배수의 관계

개념연결

3-1곱셈
곱하는 수가 두 자리 이하인 곱셈
500×7=[3500]
50×[70]=3500

4-1곱셈과 나눗셈
나누는 수가 두 자리 이하인 나눗셈
35÷7=[5]
350÷70=[5]

약수와 배수의 관계
12는 2와 6의 [배수]입니다.
2와 6은 12의 [약수]입니다.

5-1약수와 배수
공약수와 최대공약수 구하기
(16, 32) 공약수: 1, 2, 4, 8, 16
최대공약수: 16

배운 것을 기억해 볼까요?

1 (1) 500×7=☐
(2) 50×☐=3500
(3) 5×☐=3500

2 (1) 1×20=☐
(2) 2×☐=20
(3) 4×☐=20

3 (1) 32÷1=☐
(2) 32÷2=☐
(3) 32÷☐=8

약수와 배수의 관계를 알 수 있어요.

30초 개념

약수: 어떤 수를 나누어떨어지게 하는 수

6÷1=6　　6÷2=3　　6÷3=2　　6÷6=1

6을 나누어떨어지게 하는 수를 6의 약수라고 합니다. 1, 2, 3, 6은 6의 약수입니다.

배수: 어떤 수를 1배, 2배, 3배, … 한 수

4를 1배 한 수는 4입니다. ➡ 4×1=4
4를 2배 한 수는 8입니다. ➡ 4×2=8
4를 3배 한 수는 12입니다. ➡ 4×3=12

4를 1배, 2배, 3배, … 한 수를 4의 배수라고 합니다.
4, 8, 12, …은 4의 배수입니다.

이런 방법도 있어요!

두 수의 곱으로 약수와 배수 알아보기

12=1×12　　12=2×6　　12=3×4

➡ 12는 1, 2, 3, 4, 6, 12의 배수입니다. (자기 자신도 가장 작은 배수입니다.)
➡ 1, 2, 3, 4, 6, 12는 12의 약수입니다. (1은 모든 수의 약수입니다.)

□ 안에 알맞은 수를 써넣고 약수를 구해 보세요.

1

$10 \div \boxed{1} = 10$　　$10 \div \boxed{2} = 5$

$10 \div \boxed{5} = 2$　　$10 \div \boxed{10} = 1$

10의 약수
➡ (1, 2, 5, 10)

2

$15 \div \square = 15$　　$15 \div \square = 5$

$15 \div \square = 3$　　$15 \div \square = 1$

15의 약수
➡ ( )

3

$18 \div \square = 18$　　$18 \div \square = 9$

$18 \div \square = 6$　　$18 \div \square = 3$

$18 \div \square = 2$　　$18 \div \square = 1$

18의 약수
➡ ( )

4

$32 \div \square = 32$　　$32 \div \square = 16$

$32 \div \square = 8$　　$32 \div \square = 4$

$32 \div \square = 2$　　$32 \div \square = 1$

32의 약수
➡ ( )

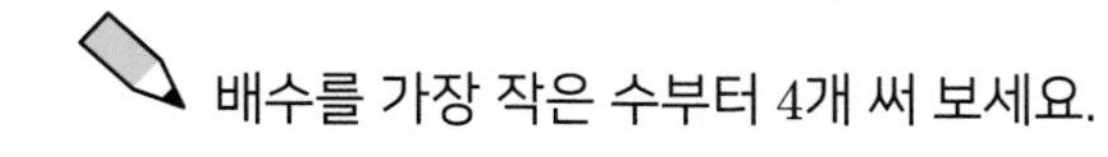

배수를 가장 작은 수부터 4개 써 보세요.

5 3 ➡ ____________________

6 8 ➡ ____________________

7 7 ➡ ____________________

8 5 ➡ ____________________

9 9 ➡ ____________________

10 11 ➡ ____________________

왼쪽 수가 오른쪽 수의 약수인 것에 ◯표, 약수가 아닌 것에 ✕표 해 보세요.

1 | 7 | 42 | (◯)

2 | 6 | 20 | ( )

3 | 3 | 16 | ( )

4 | 4 | 32 | ( )

5 | 7 | 28 | ( )

6 | 10 | 25 | ( )

오른쪽 수가 왼쪽 수의 배수인 것에 ◯표, 배수가 아닌 것에 ✕표 해 보세요.

7 | 8 | 40 | (◯)

8 | 2 | 72 | ( )

9 | 15 | 55 | ( )

10 | 12 | 36 | ( )

11 | 9 | 117 | ( )

12 | 11 | 61 | ( )

□ 안에 알맞은 수를 써넣고 약수와 배수의 관계를 써 보세요.

1 16

16=□×16, 16=□×8, 16=4×□

16의 약수는 1, 2, 4, 8, 16 이고,

16은 1, 2, 4, 8, 16 의 배수입니다.

2 10

10=□×10, 10=□×5

10의 약수는 ________________ 이고,

10은 ________________ 의 배수입니다.

3 24

24=1×□, 24=2×□, 24=3×□, 24=□×6

24의 약수는 ________________ 이고,

24는 ________________ 의 배수입니다.

4 18

18=1×□, 18=2×□, 18=3×□

18의 약수는 ________________ 이고,

18은 ________________ 의 배수입니다.

5 36

36=1×□, 36=2×□, 36=3×□, 36=□×9, 36=□×6

36의 약수는 ________________ 이고,

36은 ________________ 의 배수입니다.

문제를 해결해 보세요.

1 수지가 가지고 있는 수 카드 중에서 서로 약수와 배수의 관계인 수를 모두 찾아 표에 알맞게 써넣으세요.

약수	3			
배수	12			

2 카드 20장을 남김없이 친구들과 똑같은 수만큼 나누어 가지려고 합니다. 물음에 답하세요.

(1) 친구들과 카드를 남김없이 나누어 가질 수 있는 경우를 모두 써 보세요.

예 (1장씩, 20명)

답 ______________________

____

(2) 친구들과 카드를 남김없이 나누어 가질 수 있는 경우를 곱셈식으로 써 보세요.

예 (1장씩, 20명)→$1\times20=20$

답 ______________________

____

개념 다시보기

빈 곳에 알맞은 수나 말을 써 보세요.

1. $2\times5=10$
   - ➡ 2는 10의 □입니다.
   - ➡ 5는 10의 □입니다.
   - ➡ 10은 2의 □입니다.
   - ➡ 10은 5의 □입니다.

2. $3\times4=12$
   - ➡ 12는 3의 □입니다.
   - ➡ 4는 12의 □입니다.
   - ➡ 3은 12의 □입니다.
   - ➡ 12는 4의 □입니다.

3. $4\times6=24$
   - ➡ □는 4의 배수입니다.
   - ➡ 6은 □의 약수입니다.
   - ➡ 24는 6의 □입니다.
   - ➡ 4는 24의 □입니다.

4. $5\times7=35$
   - ➡ 7은 □의 약수입니다.
   - ➡ □는 5의 배수입니다.
   - ➡ 5는 □의 약수입니다.
   - ➡ 35는 7의 □입니다.

5. $42=1\times$□, $42=2\times$□
   $42=3\times$□, $42=$□$\times6$

   42의 약수는 ________________ 이고,
   42는 ________________ 의 배수입니다.

6. $54=1\times$□, $54=2\times$□
   $54=3\times$□, $54=$□$\times9$

   54의 약수는 ________________ 이고,
   54는 ________________ 의 배수입니다.

도전해 보세요

1. 효민이가 가지고 있는 수 카드에 대한 설명입니다. 효민이의 카드에 적힌 수를 모두 구해 보세요.

   - 10보다 크고 30보다 작은 자연수입니다.
   - 6의 배수이고 36의 약수입니다.

   (   )

2. 56은 ㉮의 배수입니다. ㉮에 해당하는 수가 모두 몇 개인지 구해 보세요.

㉮	56

   (   )개

7단계 공약수와 최대공약수 구하기

개념연결

4-1곱셈과 나눗셈	5-1약수와 배수		5-1약수와 배수
나누는 수가 두 자리 이하인 나눗셈	약수와 배수의 관계	공약수와 최대공약수	공배수와 최소공배수
35÷7=5 350÷70=5	12는 2와 6의 배수입니다. 2와 6은 12의 약수입니다.	(16, 24)의 최대공약수 : 8	(4, 6)의 최소공배수 : 12

배운 것을 기억해 볼까요?

1 $3\times5=15$

15는 3과 5의 □입니다.
3과 5는 15의 □입니다.

2 (1) 9는 □, □, □의 배수입니다.
(2) 1, 2, 3, 6은 6의 □입니다.

공약수와 최대공약수를 구할 수 있어요.

30초 개념

두 수의 약수 중에서 공통된 약수를 공약수라고 해요.
최대공약수는 공약수 중에서 가장 큰 수예요.

16과 24의 공약수와 최대공약수 구하기

16의 약수: 1, 2, 4, 8, 16
24의 약수: 1, 2, 3, 4, 6, 8, 12, 24

→ 1, 2, 4, 8은 16의 약수도 되고, 24의 약수도 됩니다.

➡ 16과 24의 공약수: 1, 2, 4, 8
16과 24의 최대공약수: 8 ← 공약수 중 가장 큰 수

이런 방법도 있어요!

공약수는 최대공약수의 약수와 같아요.

8과 12의 최대공약수: 4　　8과 12의 공약수: 1, 2, 4

(4의 약수)

두 수의 공약수와 최대공약수를 구해 보세요.

1 (4, 6)

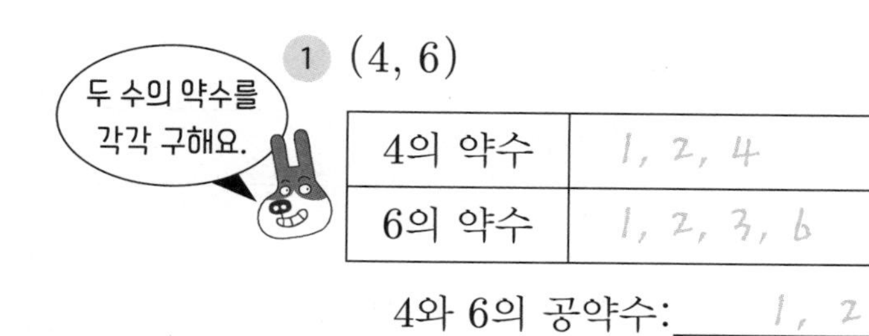

4의 약수	1, 2, 4
6의 약수	1, 2, 3, 6

두 수의 약수 중
공통된 약수를
모두 찾아요.

4와 6의 공약수: 1, 2

최대공약수: 2

공통된 약수 중
가장 큰 수를 찾아요.

2 (10, 12)

10의 약수	
12의 약수	

10과 12의 공약수: ________

최대공약수: ________

3 (12, 16)

12의 약수	
16의 약수	

12와 16의 공약수: ________

최대공약수: ________

4 (15, 27)

15의 약수	
27의 약수	

15와 27의 공약수: ________

최대공약수: ________

5 (21, 35)

21의 약수	
35의 약수	

21과 35의 공약수: ________

최대공약수: ________

6 (20, 30)

20의 약수	
30의 약수	

20과 30의 공약수: ________

최대공약수: ________

7 (21, 45)

21의 약수	
45의 약수	

21과 45의 공약수: ________

최대공약수: ________

두 수의 공약수와 최대공약수를 구해 보세요.

1 (14, 21)

14의 약수	
21의 약수	

14와 21의 공약수: ________________

최대공약수: ________________

2 (10, 30)

10의 약수	
30의 약수	

10과 30의 공약수: ________________

최대공약수: ________________

3 (16, 28)

16의 약수	
28의 약수	

16과 28의 공약수: ________________

최대공약수: ________________

4 (24, 35)

24의 약수	
35의 약수	

24와 35의 공약수: ________________

최대공약수: ________________

5 (12, 42)

12의 약수	
42의 약수	

12와 42의 공약수: ________________

최대공약수: ________________

6 (18, 45)

18의 약수	
45의 약수	

18과 45의 공약수: ________________

최대공약수: ________________

7 (13, 52)

13의 약수	
52의 약수	

13과 52의 공약수: ________________

최대공약수: ________________

8 (36, 48)

36의 약수	
48의 약수	

36과 48의 공약수: ________________

최대공약수: ________________

9 (27, 63)

27의 약수	
63의 약수	

27과 63의 공약수: ________________

최대공약수: ________________

10 (56, 64)

56의 약수	
64의 약수	

56과 64의 공약수: ________________

최대공약수: ________________

두 수의 공약수와 최대공약수를 구해 보세요.

1 (6, 16)

공약수:

최대공약수:

2 (10, 25)

공약수:

최대공약수:

3 (20, 36)

공약수:

최대공약수:

4 (24, 32)

공약수:

최대공약수:

5 (27, 54)

공약수:

최대공약수:

6 (36, 18)

공약수:

최대공약수:

7 (49, 63)

공약수:

최대공약수:

8 (48, 45)

공약수:

최대공약수:

9 (14, 56)

공약수:

최대공약수:

10 (72, 32)

공약수:

최대공약수:

문제를 해결해 보세요.

1 직사각형 모양의 목장에 울타리를 설치하려 합니다.
가장자리를 따라 일정한 간격으로 말뚝을 설치할 때 필요한 말뚝은 최소 몇 개인가요?
(단, 말뚝의 두께는 생각하지 않으며 네 모퉁이에는 반드시 말뚝을 설치합니다.)

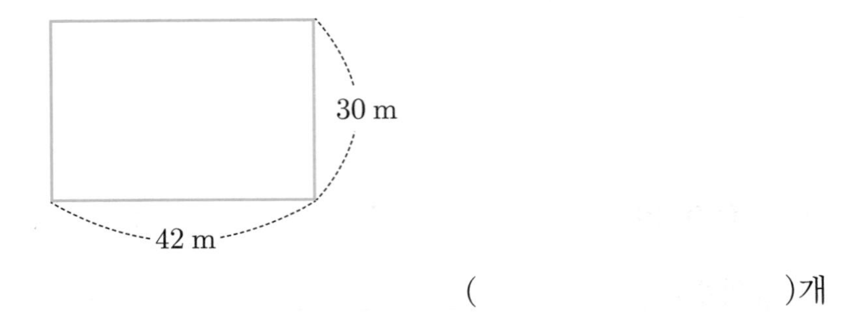

( )개

2 지우개 32개와 연필 48자루를 최대한 많은 친구들에게 남김없이 똑같이 나누어 주려고 합니다.
물음에 답하세요.

(1) 지우개와 연필을 최대 몇 명에게 나누어 줄 수 있나요?

( )명

(2) 지우개는 몇 개씩 나누어 줄 수 있나요?

( )개

(3) 연필은 몇 자루씩 나누어 줄 수 있나요?

( )자루

두 수의 공약수와 최대공약수를 구해 보세요.

1 (8, 16)

8의 약수	
16의 약수	

8과 16의 공약수:________

최대공약수:________

2 (12, 20)

12의 약수	
20의 약수	

12와 20의 공약수:________

최대공약수:________

3 (21, 28)

21의 약수	
28의 약수	

21과 28의 공약수:________

최대공약수:________

4 (18, 32)

18의 약수	
32의 약수	

18과 32의 공약수:________

최대공약수:________

5 (24, 40)

공약수:________

최대공약수:________

6 (32, 64)

공약수:________

최대공약수:________

도전해 보세요

1 가로가 112 cm, 세로가 84 cm인 직사각형 모양의 종이를 정사각형 모양의 색지로 덮으려고 합니다. 최대한 큰 색지를 사용하여 겹치지 않게 빈틈없이 덮으려면 색지는 모두 몇 장이 필요한가요?

( )장

2 어떤 수로 36을 나누면 나누어떨어지고, 29를 나누면 나머지가 2입니다. 어떤 수 중에서 가장 큰 수를 구해 보세요.

( )

8단계 공배수와 최소공배수 구하기

개념연결

5-1약수와 배수	5-1약수와 배수		5-1약수와 배수
약수와 배수의 관계	공약수와 최대공약수	공배수와 최소공배수	최대공약수와 최소공배수
12는 2와 6의 배수입니다. 2와 6은 12의 약수입니다.	(16, 24)의 최대공약수 : 8	(4, 6)의 최소공배수 : 12	(18, 24) 최대공약수: 6 최소공배수: 72

배운 것을 기억해 볼까요?

1 (1) 4의 배수: 4, □, □……
(2) 5의 배수: 5, 10, □, □……

2 (1) 9는 1, □, □의 배수입니다.
(2) 1, 2, 4, 8은 □의 약수입니다.

공배수와 최소공배수를 구할 수 있어요.

30초 개념

두 수의 배수 중에서 공통된 배수를 공배수라고 해요.
최소공배수는 공배수 중에서 가장 작은 수예요.

4와 6의 공배수와 최소공배수 구하기

4의 배수: 4, 8, 12, 16, 20, 24, 28, 32, 36……
6의 배수: 6, 12, 18, 24, 30, 36……

→ 12, 24, 36……은 4의 배수도 되고, 6의 배수도 됩니다.

➡ 4와 6의 공배수: 12, 24, 36……

공배수 중 가장 작은 수

4와 6의 최소공배수: 12

이런 방법도 있어요!

공배수는 최소공배수의 배수와 같아요.

2와 3의 최소공배수: 6 2와 3의 공배수: 6, 12, 18……

6의 배수

두 수의 공배수와 최소공배수를 구해 보세요. (단, 공배수는 가장 작은 수부터 2개만 쓰세요.)

1 (2, 3)

배수는 어떤 수에
1배, 2배, 3배, … 한 수예요.
가장 작은 배수는
자기 자신이에요.

2의 배수	2, 4, 6, 8, 10, 12……
3의 배수	3, 6, 9, 12……

2와 3의 공배수: 6, 12

최소공배수: 6

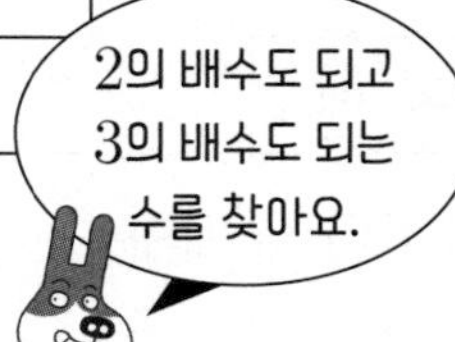
2의 배수도 되고
3의 배수도 되는
수를 찾아요.

2 (3, 6)

3의 배수	
6의 배수	

3과 6의 공배수:

최소공배수:

3 (4, 12)

4의 배수	
12의 배수	

4와 12의 공배수:

최소공배수:

4 (6, 9)

6의 배수	
9의 배수	

6과 9의 공배수:

최소공배수:

5 (10, 15)

10의 배수	
15의 배수	

10과 15의 공배수:

최소공배수:

6 (12, 18)

12의 배수	
18의 배수	

12와 18의 공배수:

최소공배수:

7 (16, 24)

16의 배수	
24의 배수	

16과 24의 공배수:

최소공배수:

개념 다지기

두 수의 공배수와 최소공배수를 구해 보세요. (단, 공배수는 가장 작은 수부터 2개만 쓰세요.)

1 (5, 6)

5의 배수	
6의 배수	

5와 6의 공배수: ____________

최소공배수: ____________

2 (4, 8)

4의 배수	
8의 배수	

4와 8의 공배수: ____________

최소공배수: ____________

3 (10, 5)

10의 배수	
5의 배수	

10과 5의 공배수: ____________

최소공배수: ____________

4 (9, 15)

9의 배수	
15의 배수	

9와 15의 공배수: ____________

최소공배수: ____________

5 (7, 14)

7의 배수	
14의 배수	

7과 14의 공배수: ____________

최소공배수: ____________

6 (12, 16)

12의 배수	
16의 배수	

12와 16의 공배수: ____________

최소공배수: ____________

7 (18, 27)

18의 배수	
27의 배수	

18과 27의 공배수: ____________

최소공배수: ____________

8 (20, 30)

20의 배수	
30의 배수	

20과 30의 공배수: ____________

최소공배수: ____________

9 (14, 21)

14의 배수	
21의 배수	

14와 21의 공배수: ____________

최소공배수: ____________

10 (24, 36)

24의 배수	
36의 배수	

24와 36의 공배수: ____________

최소공배수: ____________

두 수의 배수를 각각 써보고 최소공배수를 구해 보세요.

1 (9, 18)

9의 배수:______________________

18의 배수:______________________

9와 18의 최소공배수:____________

2 (8, 12)

8의 배수:______________________

12의 배수:______________________

8과 12의 최소공배수:____________

3 (15, 60)

15의 배수:______________________

60의 배수:______________________

15와 60의 최소공배수:____________

4 (16, 40)

16의 배수:______________________

40의 배수:______________________

16과 40의 최소공배수:____________

5 (20, 25)

20의 배수:______________________

25의 배수:______________________

20과 25의 최소공배수:____________

6 (14, 28)

14의 배수:______________________

28의 배수:______________________

14와 28의 최소공배수:____________

7 (30, 45)

30의 배수:______________________

45의 배수:______________________

30과 45의 최소공배수:____________

8 (27, 36)

27의 배수:______________________

36의 배수:______________________

27과 36의 최소공배수:____________

문제를 해결해 보세요.

1 버스 터미널에서 10분마다 출발하는 버스와 15분마다 출발하는 버스가 있습니다. 오전 7시에 두 버스가 같이 출발한 후 세 번째로 같이 출발하는 시각을 구해 보세요.

( )

2 '십간십이지'는 갑자년, 을축년, 병인년, …과 같이 십간과 십이지를 하나씩 순서대로 짝지은 것으로 연도를 나타낼 때 사용합니다. 물음에 답하세요.

십간	갑(甲)	을(乙)	병(丙)	정(丁)	무(戊)	기(己)	경(庚)	신(辛)	임(壬)	계(癸)

십이지	자(子)	축(丑)	인(寅)	묘(卯)	진(辰)	사(巳)	오(午)	미(未)	신(申)	유(酉)	술(戌)	해(亥)
	쥐	소	호랑이	토끼	용	뱀	말	양	원숭이	닭	개	돼지

(1) 십간과 십이지는 각각 몇 년마다 반복되나요?

십간__________년, **십이지**__________년

(2) 갑자년을 시작으로 다시 처음 갑자년이 되는 때는 몇 년 후인가요?

( )년 후

(3) 3·1운동이 일어났던 1919년은 '기미년'(양띠)이에요. 100년 후인 2019년은 무슨 해인가요?

( )

(4) 평창 동계 올림픽이 열렸던 2018년은 '무술년'이에요. 베이징 동계 올림픽이 열리는 2022년은 무슨 해인가요?

( )

두 수의 공배수와 최소공배수를 구해 보세요. (단, 공배수는 가장 작은 수부터 2개만 쓰세요.)

1 (2, 4)

2의 배수	
4의 배수	

2와 4의 공배수: ____________

최소공배수: ____________

2 (3, 9)

3의 배수	
9의 배수	

3과 9의 공배수: ____________

최소공배수: ____________

3 (6, 8)

6의 배수	
8의 배수	

6과 8의 공배수: ____________

최소공배수: ____________

4 (15, 21)

15의 배수	
21의 배수	

15와 21의 공배수: ____________

최소공배수: ____________

5 (12, 20)

12의 배수	
20의 배수	

12와 20의 공배수: ____________

최소공배수: ____________

6 (18, 30)

18의 배수	
30의 배수	

18과 30의 공배수: ____________

최소공배수: ____________

도전해 보세요

1 민수와 규영이가 규칙에 따라 블록을 놓았습니다. 150개의 블록을 놓을 때, 같은 위치에 흰색 블록을 놓는 경우는 모두 몇 번인지 구해 보세요.

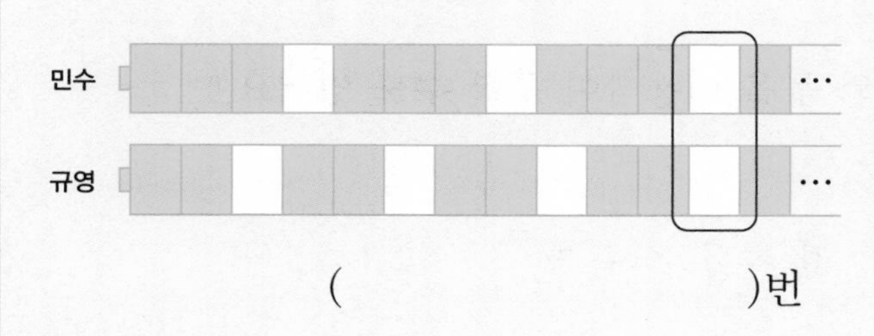

(   )번

2 1부터 100까지의 자연수 중에서 5의 배수이면서 7의 배수인 수는 모두 몇 개인지 구해 보세요.

(   )개

9단계 최대공약수와 최소공배수 구하기

개념연결

5-1약수와 배수	5-1약수와 배수		5-1약분과 통분
공약수와 최대공약수	공배수와 최소공배수	최대공약수와 최소공배수	크기가 같은 분수
(16, 24)의 최대공약수 : 8	(4, 6)의 최소공배수 : 12	(18, 24) 최대공약수: 6 최소공배수: 72	$\frac{6}{12}=\frac{1}{2}$

배운 것을 기억해 볼까요?

1 (4, 6)

4의 약수	
6의 약수	

공약수:______________

최대공약수:______________

2 (4, 6)

4의 배수	
6의 배수	

공배수(2개):______________

최소공배수:______________

최대공약수와 최소공배수 구하는 방법을 알 수 있어요.

30초 개념 두 수의 곱셈식에 공통으로 들어 있는 가장 큰 수와 남은 수를 이용하여 최대공약수와 최소공배수를 구할 수 있어요.

18과 24의 최대공약수와 최소공배수 구하기

$18=③\times⑥$ $24=④\times⑥$

공통으로 들어 있는 수 중에서 가장 큰 수=최대공약수

18과 24의 최대공약수: ⑥

18과 24의 최소공배수: $③\times⑥\times④=72$

최대공약수와 남은 수의 곱 (18의 4배, 24의 3배)

이런 방법도 있어요!

두 수를 공통으로 나눌 수 있는 가장 큰 수와 몫을 이용하여 구할 수도 있어요.

18과 24의 최대공약수 → ⑥) 18 24

③ ④ ➡ $⑥\times③\times④=72$ ← 18과 24의 최소공배수

□ 안에 알맞은 수를 써넣으세요.

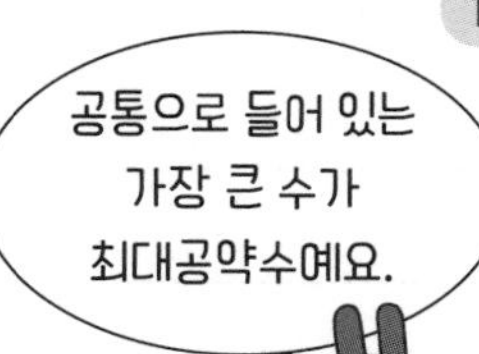

1 (6, 15)

$6=3\times\square$, $15=3\times\square$

최대공약수: 3

최소공배수: $3\times\square\times\square=\square$

최대공약수와
남은 수들을 곱하면
최소공배수예요.

2 (20, 36)

$20=4\times\square$, $36=4\times\square$

최대공약수: 4

최소공배수: $4\times\square\times\square=\square$

3 (32, 72)

$32=4\times\square$, $72=\square\times9$

최대공약수: □, 최소공배수: $4\times\square\times9=\square$

4 (63, 81)

$63=\square\times\square$, $81=\square\times\square$

최대공약수: □, 최소공배수: $\square\times\square\times\square=\square$

여러 수의 곱으로 나타낸 곱셈식 중에서 공통으로 들어 있는 곱셈식을 찾아 공통인 수와 남은 수를 이용하여 최대공약수와 최소공배수를 구할 수 있어요.

$12=2\times2\times3$ $30=2\times3\times5$

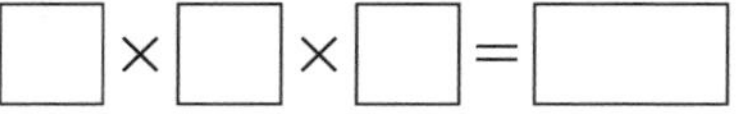

$2\times3\times2\times5=60$ ← 최소공배수 (남은 수)

$$\begin{array}{r|rr} 2 & 12 & 30 \\ 3 & 6 & 15 \\ & 2 & 5 \end{array}$$

$2\times3=6$ ← 최대공약수

$2\times3\times2\times5=60$ ← 최소공배수 (남은 수)

두 수의 곱으로 나타낸 곱셈식을 이용하여 최대공약수와 최소공배수를 구해 보세요.

1 (8, 12)

$8=$ 2×4

$12=$ 3×4

최대공약수: ______

최소공배수: ______

2 (18, 30)

$18=$ ______

$30=$ ______

최대공약수: ______

최소공배수: ______

3 (14, 21)

$14=$ ______

$21=$ ______

최대공약수: ______

최소공배수: ______

4 (20, 25)

$20=$ ______

$25=$ ______

최대공약수: ______

최소공배수: ______

여러 수의 곱으로 나타낸 곱셈식을 이용하여 최대공약수와 최소공배수를 구해 보세요.

5 (30, 50)

$30=$ 2×3×5

$50=$ 2×5×5

최대공약수: ______

최소공배수: ______

6 (48, 64)

$48=$ ______

$64=$ ______

최대공약수: ______

최소공배수: ______

7 (42, 72)

$42=$ ______

$72=$ ______

최대공약수: ______

최소공배수: ______

8 (63, 84)

$63=$ ______

$84=$ ______

최대공약수: ______

최소공배수: ______

 두 수의 최대공약수와 최소공배수를 구해 보세요.

1) 8 28

최대공약수:
최소공배수:

2) 16 32

최대공약수:
최소공배수:

3) 12 36

최대공약수:
최소공배수:

4) 35 42

최대공약수:
최소공배수:

5) 30 48

최대공약수:
최소공배수:

6) 40 64

최대공약수:
최소공배수:

7) 54 81

최대공약수:
최소공배수:

8) 26 78

최대공약수:
최소공배수:

문제를 해결해 보세요.

1 민지와 주희가 계단을 바닥에서 출발하여 올라갔습니다. 민지는 한 번에 3계단씩 8번 만에 올라갔고, 주희는 한 번에 2계단씩 올라갔습니다. 물음에 답하세요.

(1) 민지와 주희가 같이 밟고 올라간 계단은 모두 몇 개인가요?

( )개

(2) 민지와 주희가 밟지 않고 올라간 계단은 모두 몇 개인가요?

( )개

2 직육면체 모양의 상자에 크기가 같은 정육면체 모양의 물건을 빈틈없이 쌓아 놓았습니다. 그림을 보고 물음에 답하세요.

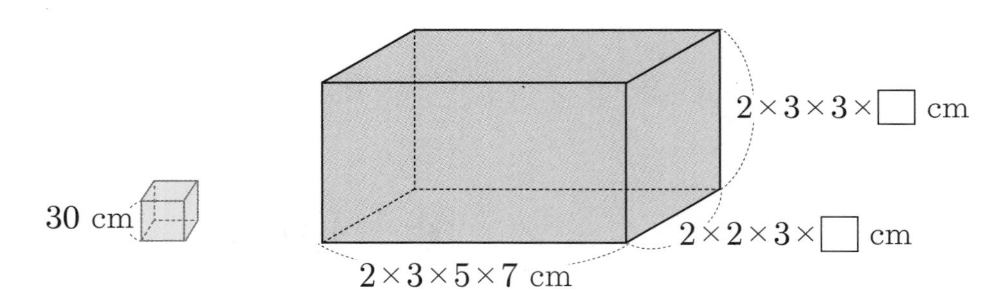

(1) 상자의 세로 길이는 최소 몇 cm인가요?

( ) cm

(2) 상자의 높이는 최소 몇 cm인가요?

( ) cm

(3) 상자에 정육면체 모양의 물건이 최소 몇 개 쌓여 있나요?

( )개

두 수의 최대공약수와 최소공배수를 구해 보세요.

1 (6, 9)

6=□×□, 9=□×□

최대공약수: ______

최소공배수: ______

2 (12, 15)

12=□×□, 15=□×□

최대공약수: ______

최소공배수: ______

3 (18, 16)

18=______

16=______

최대공약수: ______

최소공배수: ______

4 (20, 24)

20=______

24=______

최대공약수: ______

최소공배수: ______

5) 28 42

최대공약수:

최소공배수:

6) 35 56

최대공약수:

최소공배수:

도전해 보세요

1 4로 나누어도, 6으로 나누어도 항상 나누어떨어지는 두 자리 수 중에서 가장 큰 수를 구해 보세요.

( )

2 두 수 ㉮와 ㉯의 최대공약수는 60입니다. □ 안에 들어갈 수 있는 가장 작은 수를 써넣으세요.

㉮=2×2×3×3×5×13

㉯=3×□×11×5

10단계 크기가 같은 분수 만들기

개념연결

5-1약수와 배수	5-1약수와 배수		5-1약분과 통분
공약수와 최대공약수	공배수와 최소공배수	크기가 같은 분수	분수를 간단하게 나타내기
(9, 21)의 최대공약수 : 3	(4, 6)의 최소공배수 : 12	$\frac{6}{12}=\frac{1}{2}$	$\frac{3}{15}=\frac{3\div3}{15\div3}=\frac{1}{5}$

배운 것을 기억해 볼까요?

1 (4, 6)
최대공약수: ________
최소공배수: ________

2 (9, 21)
최대공약수: ________
최소공배수: ________

3 (24, 36)
최대공약수: ________
최소공배수: ________

크기가 같은 분수를 만들 수 있어요.

30초 개념 분모와 분자에 각각 **0이 아닌** 같은 수를 곱하거나 나누면 크기가 같은 분수가 돼요.

$\frac{6}{12}$과 크기가 같은 분수 만들기

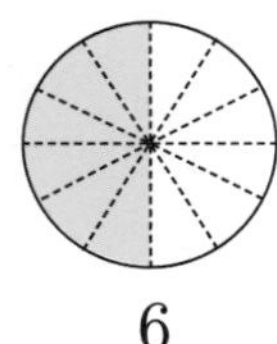 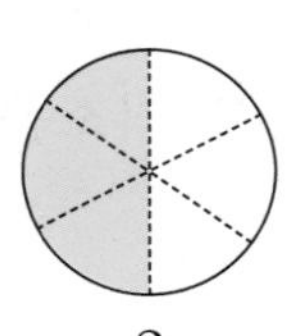 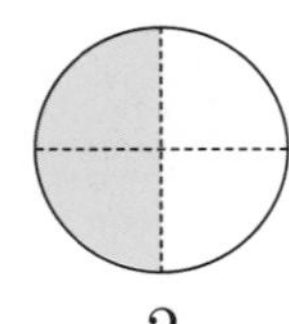 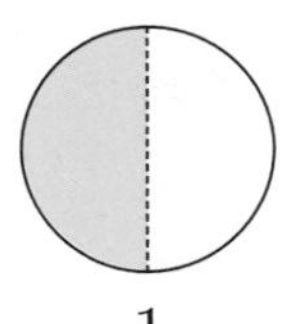

$$\frac{6}{12} = \frac{3}{6} = \frac{2}{4} = \frac{1}{2}$$

① 분모와 분자에 0이 아닌 수를 곱하기

$$\frac{6}{12}=\frac{6\times2}{12\times2}=\frac{6\times3}{12\times3}=\frac{6\times4}{12\times4} \Rightarrow \frac{6}{12}=\frac{12}{24}=\frac{18}{36}=\frac{24}{48}$$

② 분모와 분자를 0이 아닌 수로 나누기

$$\frac{6}{12}=\frac{6\div2}{12\div2}=\frac{6\div3}{12\div3}=\frac{6\div6}{12\div6} \Rightarrow \frac{6}{12}=\frac{3}{6}=\frac{2}{4}=\frac{1}{2}$$

분모와 분자의 공약수로 나눌 수 있어요.

크기가 같게 색칠하고 □ 안에 알맞은 수를 써넣으세요.

1

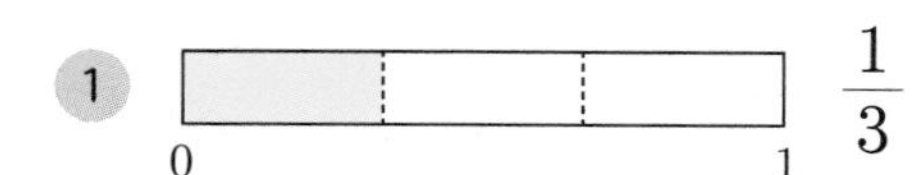

$\frac{1}{3}$

$\frac{1\times 2}{3\times 2}=\frac{2}{6}$

2

$\frac{3}{12}$

$\frac{3\div\square}{12\div\square}=\frac{\square}{\square}$

3

$\frac{2}{5}$

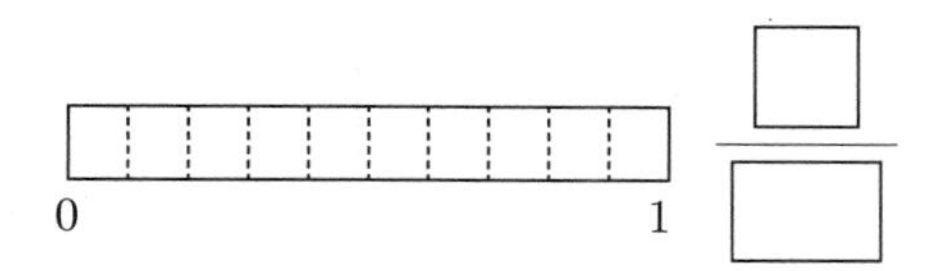

$\frac{\square}{\square}$

4

$\frac{3}{6}$

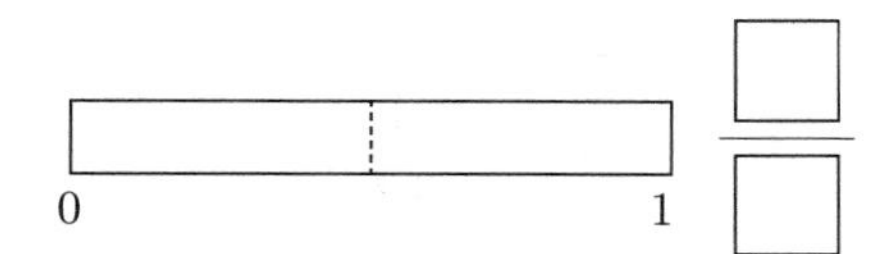

$\frac{\square}{\square}$

5

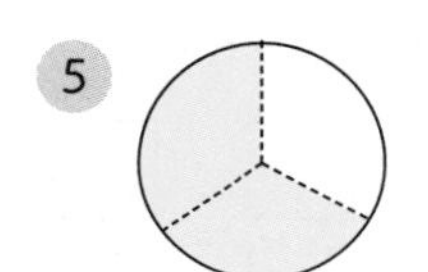

$\frac{2}{3}=\frac{\square}{\square}$

6

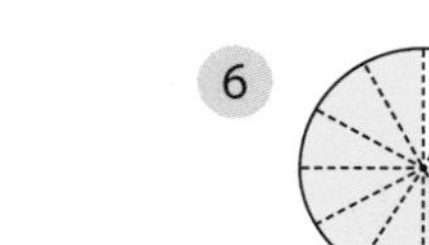

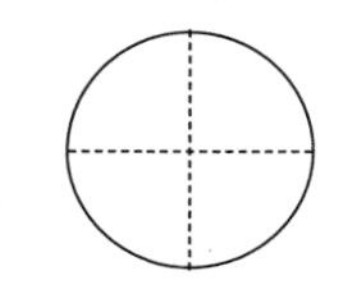

$\frac{9}{12}=\frac{\square}{\square}$

7

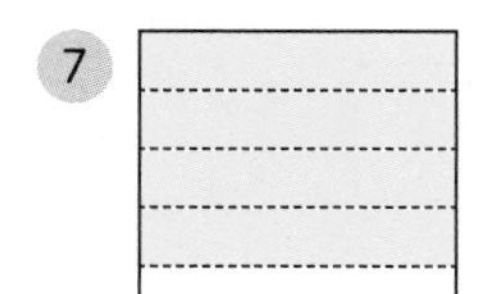

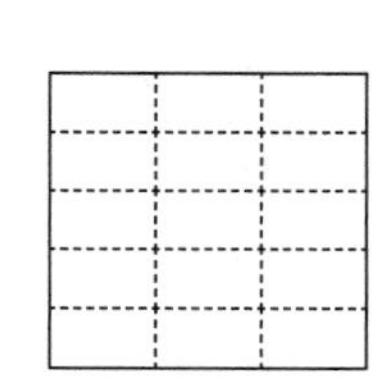

$\frac{4}{5}=\frac{\square}{\square}$

8

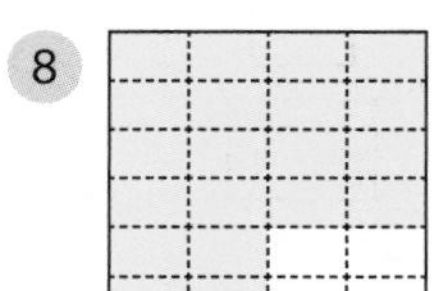

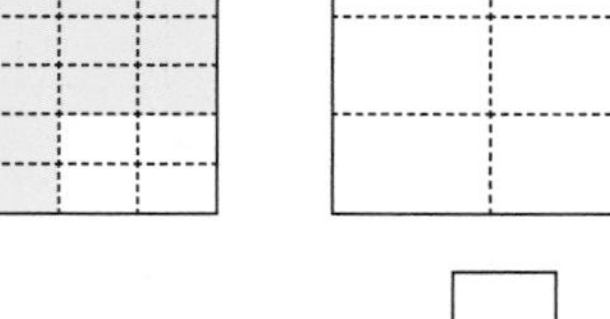

$\frac{20}{24}=\frac{\square}{\square}$

덤

$\frac{5}{8}=\frac{10}{16}=\frac{15}{24}=\frac{20}{32}$ (×2, ×3, ×4)

$\frac{12}{24}=\frac{6}{12}=\frac{4}{8}=\frac{3}{6}$ (÷2, ÷3, ÷4)

개념 다지기

크기가 같게 색칠하고 □ 안에 알맞은 수를 써넣으세요.

1

(0 ~ 1) $\frac{5}{6}$

(0 ~ 1) $\frac{5\times\square}{6\times\square}=\frac{\square}{\square}$

(0 ~ 1) $\frac{5\times\square}{6\times\square}=\frac{\square}{\square}$

$\frac{5}{6}=\frac{\square}{\square}=\frac{\square}{\square}$

2

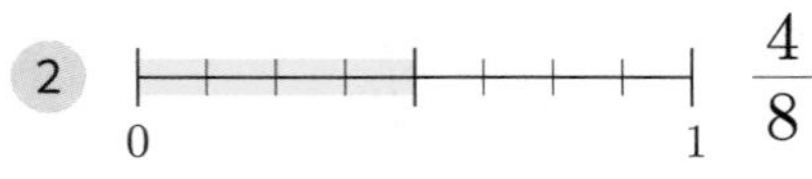

(0 ~ 1) $\frac{4}{8}$

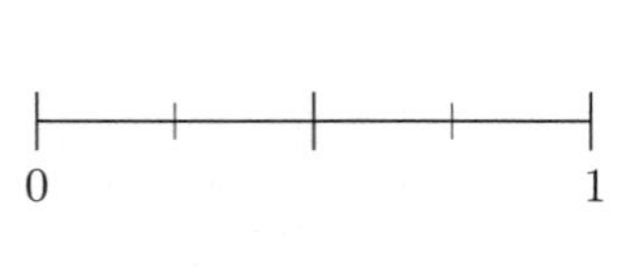

(0 ~ 1) $\frac{4\div\square}{8\div\square}=\frac{\square}{\square}$

(0 ~ 1) $\frac{4\div\square}{8\div\square}=\frac{\square}{\square}$

$\frac{4}{8}=\frac{\square}{\square}=\frac{\square}{\square}$

3

(0 ~ 1) $\frac{2}{5}$

(0 ~ 1) $\frac{2\times\square}{5\times\square}=\frac{\square}{\square}$

(0 ~ 1) $\frac{2\times\square}{5\times\square}=\frac{\square}{\square}$

$\frac{2}{5}=\frac{\square}{\square}=\frac{\square}{\square}$

4

(0 ~ 1) $\frac{12}{16}$

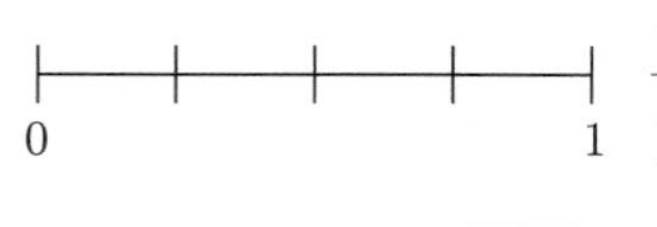

(0 ~ 1) $\frac{12\div\square}{16\div\square}=\frac{\square}{\square}$

(0 ~ 1) $\frac{12\div\square}{16\div\square}=\frac{\square}{\square}$

$\frac{12}{16}=\frac{\square}{\square}=\frac{\square}{\square}$

5

(0 ~ 1) $\frac{2}{7}$

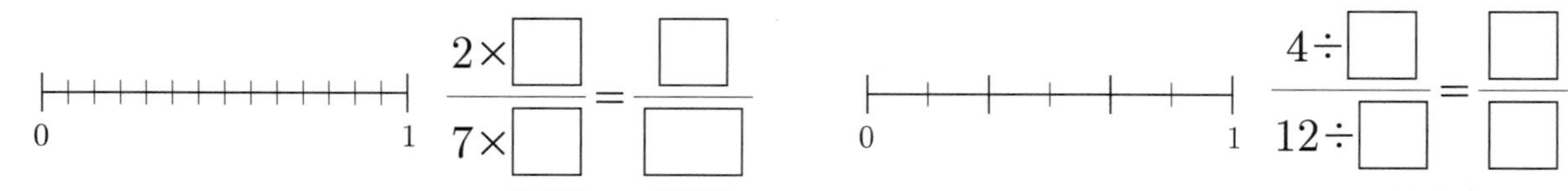

(0 ~ 1) $\frac{2\times\square}{7\times\square}=\frac{\square}{\square}$

(0 ~ 1) $\frac{2\times\square}{7\times\square}=\frac{\square}{\square}$

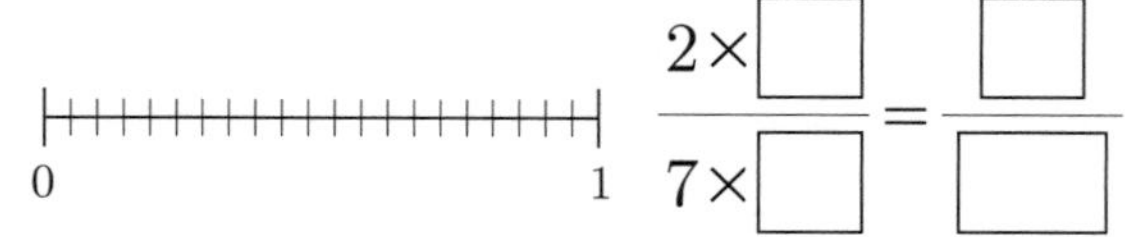

$\frac{2}{7}=\frac{\square}{\square}=\frac{\square}{\square}$

6

(0 ~ 1) $\frac{4}{12}$

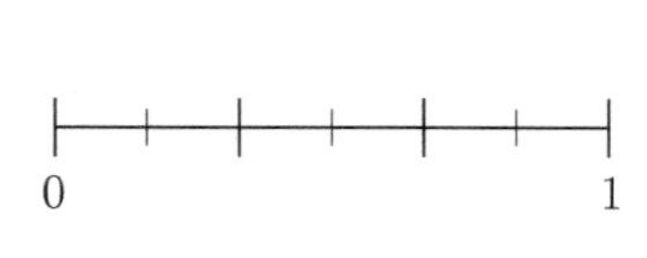

(0 ~ 1) $\frac{4\div\square}{12\div\square}=\frac{\square}{\square}$

(0 ~ 1) $\frac{4\div\square}{12\div\square}=\frac{\square}{\square}$

$\frac{4}{12}=\frac{\square}{\square}=\frac{\square}{\square}$

크기가 같은 분수를 3개씩 써 보세요.

분모가 가장 작은 것부터 써 보세요.

1 $\frac{2}{3}=\frac{4}{6}=\frac{6}{9}=\frac{8}{12}$

3 $\frac{4}{5}$

5 $\frac{3}{8}$

7 $\frac{2}{7}$

9 $\frac{5}{9}$

11 $\frac{7}{12}$

분모가 가장 큰 것부터 써 보세요.

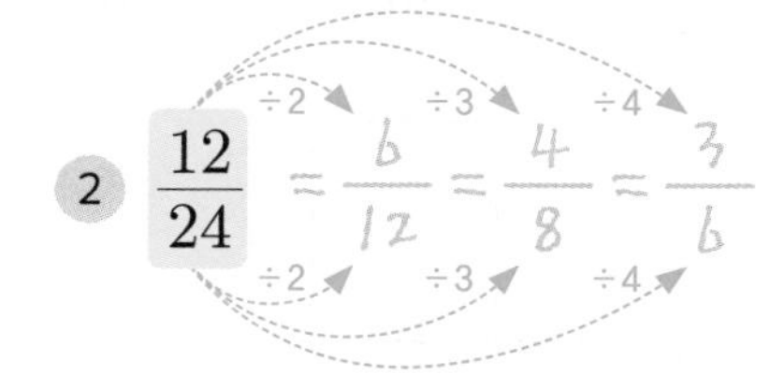

2 $\frac{12}{24}=\frac{6}{12}=\frac{4}{8}=\frac{3}{6}$

4 $\frac{24}{32}$

6 $\frac{12}{42}$

8 $\frac{56}{64}$

10 $\frac{28}{70}$

12 $\frac{48}{84}$

문제를 해결해 보세요.

1 민주는 도화지를 다음과 같이 색칠했습니다.
색칠한 부분은 전체의 얼마인지 보기 에서 모두 찾아 써 보세요.

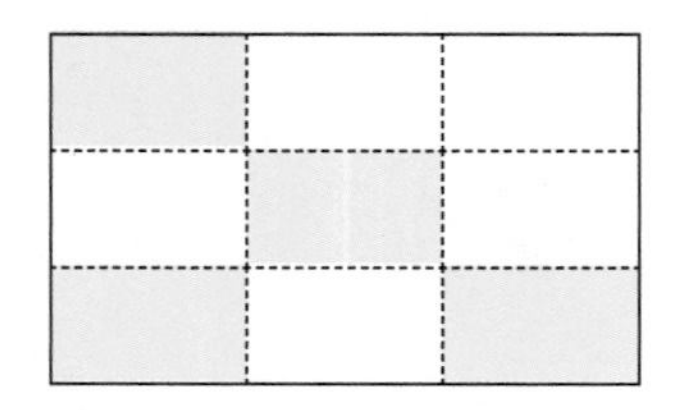

보기 $\frac{4}{10}$ $\frac{4}{6}$ $\frac{8}{18}$ $\frac{10}{27}$ $\frac{16}{36}$

(　　　　　　　　)

2 음료수를 다현이는 $\frac{22}{33}$ L, 주현이는 $\frac{18}{45}$ L, 혜인이는 $\frac{32}{56}$ L 마셨습니다.
그림을 보고 물음에 답하세요.

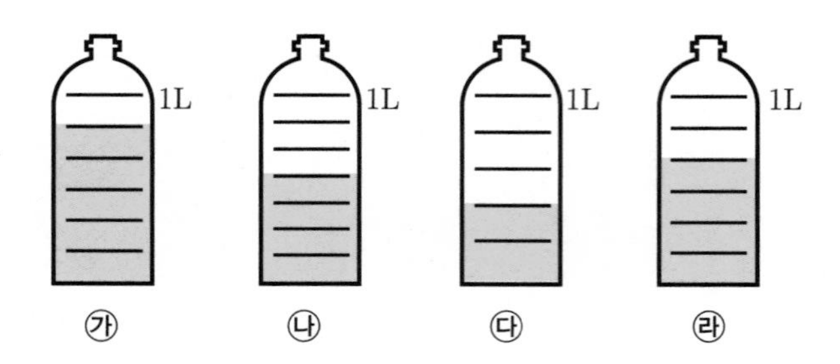

(1) 다현이가 마신 양과 같은 양이 들어 있는 것을 찾아 기호를 써 보세요.

(　　　　　　　　)

(2) 주현이가 마신 양과 같은 양이 들어 있는 것을 찾아 기호를 써 보세요.

(　　　　　　　　)

(3) 혜인이가 마신 양과 같은 양이 들어 있는 것을 찾아 기호를 써 보세요.

(　　　　　　　　)

개념 다시보기

□ 안에 알맞은 수를 써넣으세요.

1 $\frac{4}{7}=\frac{4\times\square}{7\times\square}=\frac{\square}{21}$

0 ― 1 $\frac{4}{7}$

0 ― 1 $\frac{\square}{21}$

2 $\frac{3}{10}=\frac{3\times\square}{10\times\square}=\frac{\square}{30}$

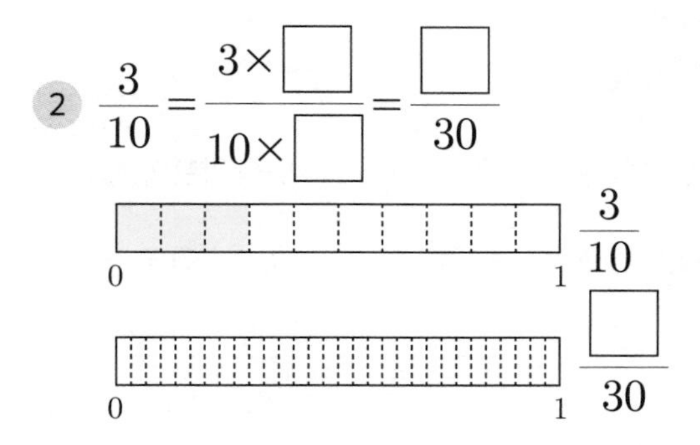

0 ― 1 $\frac{3}{10}$

0 ― 1 $\frac{\square}{30}$

3 $\frac{6}{24}=\frac{6\div\square}{24\div\square}=\frac{2}{\square}$

0 ― 1 $\frac{6}{24}$

0 ― 1 $\frac{2}{\square}$

4 $\frac{16}{18}=\frac{16\div\square}{18\div\square}=\frac{\square}{9}$

0 ― 1 $\frac{16}{18}$

0 ― 1 $\frac{\square}{9}$

5 $\frac{15}{25}=\frac{15\div\square}{25\div\square}=\frac{\square}{5}$

6 $\frac{6}{13}=\frac{6\times\square}{13\times\square}=\frac{18}{\square}$

7 $\frac{5}{12}=\frac{10}{\square}=\frac{15}{\square}$

8 $\frac{36}{64}=\frac{\square}{32}=\frac{9}{\square}$

도전해 보세요

1 준혁이는 과일이 담긴 바구니의 무게를 쟀습니다. 무게가 같은 바구니를 모두 찾아 기호를 쓰세요.

㉮ $\frac{21}{27}$ kg	㉯ $\frac{24}{30}$ kg	㉰ $\frac{27}{36}$ kg
㉱ $\frac{42}{54}$ kg	㉲ $\frac{35}{45}$ kg	㉳ $\frac{6}{9}$ kg

(   )

2 주어진 분수와 크기가 같은 분수 중 분모의 크기가 가장 작은 분수로 나타내어 보세요.

(1) $\frac{4}{16}$ ➡ (   )

(2) $\frac{24}{30}$ ➡ (   )

11단계 분수를 간단하게 나타내기

개념연결

5-1약수와 배수	5-1약분과 통분		5-1약분과 통분
최대공약수와 최소공배수	크기가 같은 분수	분수를 간단하게 나타내기	분모가 같은 분수로 나타내기
(12, 16) 최대공약수: 4 최소공배수: 48	$\frac{4}{8}=\frac{\boxed{2}}{4}=\frac{1}{\boxed{2}}$	$\frac{4}{16}=\frac{4\div4}{16\div4}=\frac{\boxed{1}}{\boxed{4}}$	$\left(\frac{3}{4}, \frac{5}{6}\right) \rightarrow \left(\frac{\boxed{9}}{12}, \frac{\boxed{10}}{12}\right)$

배운 것을 기억해 볼까요?

1 $\frac{2}{5}=\frac{2\times\square}{5\times\square}=\frac{\square}{15}$

2 $\frac{12}{18}=\frac{12\div\square}{18\div\square}=\frac{\square}{3}$

3 $\frac{4}{7}=\frac{32}{\square}$

4 $\frac{10}{16}=\frac{5}{\square}$

분수를 간단하게 나타낼 수 있어요.

30초 개념

분모와 분자를 공약수로 나누어 분수를 간단하게 나타낼 수 있어요.
공약수로 분모와 분자를 나누어 간단히 하는 것을 약분한다고 해요.

$\frac{4}{16}$를 약분하여 간단하게 나타내기

① 2로 약분하기

$$\frac{4}{16}=\frac{4\div2}{16\div2}=\frac{2}{8}$$

분수를 약분하려면 공약수를 알아야 해요.
16과 4의 공약수는 1, 2, 4예요.

② 4로 약분하기(16과 4의 최대공약수)

$$\frac{4}{16}=\frac{4\div4}{16\div4}=\frac{1}{4}$$

분모와 분자를 최대공약수인 4로 약분했을 때
만들어지는 공약수가 1뿐인 분수를 기약분수라고 해요.

이런 방법도 있어요!

공약수인 1로 나누면 처음 수와 똑같으므로 약분할 때는 1을 제외한 공약수로 분모와 분자를 나눠요.

$\frac{\cancel{4}^{2}}{\cancel{16}_{8}}=\frac{\cancel{2}^{1}}{\cancel{8}_{4}}=\frac{1}{4} \Rightarrow \frac{\cancel{4}^{\cancel{2}^{1}}}{\cancel{16}_{\cancel{8}_{4}}}=\frac{1}{4}$ 로 나타낼 수도 있어요.

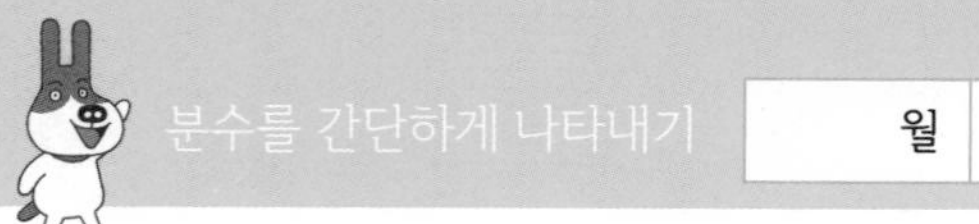

 분수를 약분하여 □ 안에 알맞은 수를 써넣으세요.

1. $\frac{8}{12} \Rightarrow \frac{4}{6}, \frac{2}{3}$

2. $\frac{12}{20} \Rightarrow \frac{\square}{10}, \frac{\square}{5}$

3. $\frac{18}{27} \Rightarrow \frac{\square}{9}, \frac{\square}{3}$

4. $\frac{8}{16} \Rightarrow \frac{\square}{8}, \frac{\square}{4}, \frac{\square}{2}$

5. $\frac{8}{24} \Rightarrow \frac{4}{\square}, \frac{2}{\square}, \frac{1}{\square}$

6. $\frac{18}{30} \Rightarrow \frac{9}{\square}, \frac{6}{\square}, \frac{3}{\square}$

7. $\frac{22}{44} \Rightarrow \frac{11}{\square}, \frac{1}{\square}$

8. $\frac{32}{48} \Rightarrow \frac{\square}{24}, \frac{8}{\square}, \frac{\square}{6}, \frac{2}{\square}$

9. $\frac{27}{54} \Rightarrow \frac{9}{\square}, \frac{\square}{6}, \frac{1}{\square}$

기약분수로 나타내기

└→ 분모와 분자의 공약수가 1뿐인 분수

$\frac{12}{30} = \frac{12 \div 6}{30 \div 6} = \frac{2}{5}$ (12와 30의 최대공약수)$=3\times2=6$

$$\begin{array}{r|rr} 3 & 12 & 30 \\ \hline 2 & 4 & 10 \\ \hline & 2 & 5 \end{array}$$

개념 다지기

분모와 분자의 최대공약수로 나누어 기약분수로 나타내어 보세요.

1. $\dfrac{4}{6}=\dfrac{4\div\square}{6\div\square}=\dfrac{\square}{\square}$

2. $\dfrac{12}{18}=\dfrac{12\div\square}{18\div\square}=\dfrac{\square}{\square}$

3. $\dfrac{10}{12}=\dfrac{10\div\square}{12\div\square}=\dfrac{\square}{\square}$

4. $\dfrac{8}{14}=\dfrac{8\times\square}{14\times\square}=\dfrac{\square}{42}$

5. $\dfrac{6}{27}=\dfrac{6\div\square}{27\div\square}=\dfrac{\square}{\square}$

6. $\dfrac{15}{40}=\dfrac{15\div\square}{40\div\square}=\dfrac{\square}{\square}$

7. $\dfrac{12}{54}=\dfrac{12\times\square}{54\times\square}=\dfrac{24}{\square}$

8. $\dfrac{24}{30}=\dfrac{24\div\square}{30\div\square}=\dfrac{\square}{\square}$

9. $\dfrac{15}{35}=\dfrac{15\div\square}{35\div\square}=\dfrac{\square}{\square}$

10. $\dfrac{13}{39}=\dfrac{13\div\square}{39\div\square}=\dfrac{\square}{\square}$

11. $\dfrac{17}{51}=\dfrac{17\div\square}{51\div\square}=\dfrac{\square}{\square}$

12. $\dfrac{40}{64}=\dfrac{40\div\square}{64\div\square}=\dfrac{\square}{\square}$

13. $\dfrac{45}{72}=\dfrac{45\div\square}{72\div\square}=\dfrac{\square}{\square}$

14. $\dfrac{24}{80}=\dfrac{24\div\square}{80\div\square}=\dfrac{\square}{\square}$

기약분수로 나타내어 보세요.

1 $\frac{12}{18}$ ➡ $\frac{2}{3}$

2 $\frac{6}{24}$ ➡

3 $\frac{14}{35}$ ➡

4 $\frac{30}{45}$ ➡

5 $\frac{24}{36}$ ➡

6 $\frac{28}{63}$ ➡

7 $\frac{36}{54}$ ➡

8 $\frac{27}{48}$ ➡

9 $\frac{32}{64}$ ➡

10 $\frac{52}{80}$ ➡

11 $\frac{45}{81}$ ➡

12 $\frac{75}{100}$ ➡

문제를 해결해 보세요.

1 주경이는 수진이와 수 카드로 분수 만들기 게임을 했습니다.
수진이는 수 카드 중 2장을 골라 주경이가 제시한 분수 $\frac{16}{24}$과 크기가 같은 분수를 만들려고 합니다. 수진이가 만들어야 하는 분수는 무엇인가요?

( )

2 피아노 건반을 치면 각 음의 높낮이에 따라 고유한 진동수가 만들어집니다.
두 음의 진동수로 진분수를 만들어 기약분수로 나타냈을 때 분모와 분자가 모두 7보다 작으면 두 음은 잘 어울리는 음이에요. 표를 보고 물음에 답하세요.

음	도	레	미	파	솔
진동수	264	297	330	352	396

(1) '도'의 진동수를 분자로, '미'의 진동수를 분모로 하여 분수를 만들면 $\frac{264}{330}$예요.
$\frac{264}{330}$를 기약분수로 나타내고 '도'와 '미'가 잘 어울리는 음인지 어울리지 않는 음인지 찾아 ○표 해 보세요.

기약분수: ( )

'도'와 '미'는 잘 (어울리는, 어울리지 않는) **음이다.**

(2) '레'와 '파'가 잘 어울리는 음인지 어울리지 않는 음인지 답해 보세요.

( )

(3) '파'와 '솔'은 잘 어울리는 음인지 어울리지 않는 음인지 답해 보세요.

( )

개념 다시보기

□ 안에 알맞은 수를 써넣고 기약분수로 나타내어 보세요.

1. $\frac{3}{9}=\frac{3\div\square}{9\div\square}=\frac{\square}{\square}$

2. $\frac{6}{16}=\frac{6\div\square}{16\div\square}=\frac{\square}{\square}$

3. $\frac{8}{24}=\frac{8\div\square}{24\div\square}=\frac{\square}{\square}$

4. $\frac{10}{25}=\frac{10\div\square}{25\div\square}=\frac{\square}{\square}$

5. $\frac{21}{49}=\frac{21\div\square}{49\div\square}=\frac{\square}{\square}$

6. $\frac{42}{56}=\frac{42\div\square}{56\div\square}=\frac{\square}{\square}$

7. $\frac{12}{36}=\frac{\square}{\square}$

8. $\frac{28}{42}=\frac{\square}{\square}$

9. $\frac{14}{49}=\frac{\square}{\square}$

10. $\frac{27}{81}=\frac{\square}{\square}$

도전해 보세요

1. 민지가 가지고 있는 수 카드 중에서 $\frac{16}{24}$을 약분할 수 있는 수를 모두 찾아 써 보세요.

2	3	4	6	8	9

( )

2. 분모와 분자의 합이 55이고, 약분하면 $\frac{3}{8}$이 되는 분수를 구해 보세요.

( )

12단계 분모가 같은 분수로 나타내기

개념연결

5-1약수와 배수	5-1약분과 통분		5-1약분과 통분
공배수와 최소공배수	크기가 같은 분수 만들기	분모가 같은 분수로 나타내기	분수의 크기 비교
(4, 6)의 최소공배수 : 12	$\frac{6}{12}=\frac{3}{6}=\frac{1}{2}$	$\left(\frac{3}{4}, \frac{5}{6}\right) \Rightarrow \left(\frac{9}{12}, \frac{10}{12}\right)$	$\frac{1}{3} < \frac{2}{5}$

배운 것을 기억해 볼까요?

1 (2, 3)

공배수(2개):____________

최소공배수:____________

2 $\frac{6}{24} \Rightarrow \frac{\square}{12}, \frac{2}{\square}, \frac{\square}{4}$

분모가 같은 분수로 나타낼 수 있어요.

30초 개념

분수의 분모를 같게 하는 것을 통분한다고 해요. 통분한 분모를 공통분모라고 하지요. 두 분모의 공배수로 공통분모를 만들어요.

$\frac{3}{4}$과 $\frac{5}{6}$를 통분하기

① 분모의 곱을 공통분모로 하여 통분하기

$$\left(\frac{3}{4}, \frac{5}{6}\right) \Rightarrow \left(\frac{3\times6}{4\times6}, \frac{5\times4}{6\times4}\right) \Rightarrow \left(\frac{18}{24}, \frac{20}{24}\right)$$

4와 6의 곱인 24를 공통분모로 하여 통분해요.

② 분모의 최소공배수를 공통분모로 하여 통분하기

$$\left(\frac{3}{4}, \frac{5}{6}\right) \Rightarrow \left(\frac{3\times3}{4\times3}, \frac{5\times2}{6\times2}\right) \Rightarrow \left(\frac{9}{12}, \frac{10}{12}\right)$$

4와 6의 최소공배수인 12를 공통분모로 통분해요.

2) 4 6

2 3 → 2×2×3=12

이런 방법도 있어요!

크기가 같은 분수로 나타내어 공통분모를 찾을 수 있어요.

$$\frac{3}{4}=\frac{6}{8}=\frac{9}{12}=\frac{12}{16}=\frac{15}{20}=\frac{18}{24}=\cdots\cdots$$

$$\frac{5}{6}=\frac{10}{12}=\frac{15}{18}=\frac{20}{24}=\cdots\cdots$$

$$\left(\frac{3}{4}, \frac{5}{6}\right) \Rightarrow \left(\frac{9}{12}, \frac{10}{12}\right), \left(\frac{18}{24}, \frac{20}{24}\right)\cdots\cdots$$

두 분모의 곱을 공통분모로 하여 통분해 보세요.

1. $\left(\frac{2}{3}, \frac{5}{9}\right) \Rightarrow \left(\frac{2\times 9}{3\times 9}, \frac{5\times 3}{9\times 3}\right) \Rightarrow \left(\frac{\square}{\square}, \frac{\square}{\square}\right)$

2. $\left(\frac{1}{4}, \frac{3}{10}\right) \Rightarrow \left(\frac{1\times \square}{4\times \square}, \frac{3\times \square}{10\times \square}\right) \Rightarrow \left(\frac{\square}{\square}, \frac{\square}{\square}\right)$

3. $\left(\frac{4}{9}, \frac{1}{6}\right) \Rightarrow \left(\frac{4\times \square}{9\times \square}, \frac{1\times \square}{6\times \square}\right) \Rightarrow \left(\frac{\square}{\square}, \frac{\square}{\square}\right)$

4. $\left(\frac{2}{3}, \frac{5}{9}\right) \Rightarrow \left(\frac{2\times \square}{3\times \square}, \frac{5\times \square}{9\times \square}\right) \Rightarrow \left(\frac{\square}{\square}, \frac{\square}{\square}\right)$

5. $\left(\frac{1}{4}, \frac{3}{10}\right) \Rightarrow \left(\frac{1\times \square}{4\times \square}, \frac{3\times \square}{10\times \square}\right) \Rightarrow \left(\frac{\square}{\square}, \frac{\square}{\square}\right)$

6. $\left(\frac{4}{9}, \frac{1}{6}\right) \Rightarrow \left(\frac{4\times \square}{9\times \square}, \frac{1\times \square}{6\times \square}\right) \Rightarrow \left(\frac{\square}{\square}, \frac{\square}{\square}\right)$

두 분수를 통분할 때 공통분모가 될 수 있는 수는 두 분모의 공배수예요.

$\frac{5}{12}$, $\frac{7}{16}$의 공통분모는 12와 16의 공배수인 48, 96, 144…… 등이에요.

$$4 \,\underline{)\ 12 \quad 16}$$
$$3 \quad 4$$

➡ 12와 16의 최소공배수=4×3×4=48

개념 다지기

두 분모의 최소공배수를 공통분모로 하여 통분해 보세요.

1 $\left(\frac{1}{2}, \frac{5}{6}\right) \Rightarrow \left(\frac{1\times \boxed{3}}{2\times \boxed{3}}, \frac{5\times \boxed{1}}{6\times \boxed{1}}\right) \Rightarrow \left(\frac{\square}{\square}, \frac{\square}{\square}\right)$

2 $\left(\frac{3}{4}, \frac{5}{8}\right) \Rightarrow \left(\frac{3\times \square}{4\times \square}, \frac{5\times \square}{8\times \square}\right) \Rightarrow \left(\frac{\square}{\square}, \frac{\square}{\square}\right)$

3 $\left(\frac{2}{5}, \frac{5}{6}\right) \Rightarrow \left(\frac{2\times \square}{5\times \square}, \frac{5\times \square}{6\times \square}\right) \Rightarrow \left(\frac{\square}{\square}, \frac{\square}{\square}\right)$

4 $\left(\frac{8}{15}, \frac{8}{9}\right) \Rightarrow \left(\frac{8\times \square}{15\times \square}, \frac{8\times \square}{9\times \square}\right) \Rightarrow \left(\frac{\square}{\square}, \frac{\square}{\square}\right)$

5 $\left(\frac{2}{3}, \frac{4}{21}\right) \Rightarrow \left(\frac{2\times \square}{3\times \square}, \frac{4\times \square}{21\times \square}\right) \Rightarrow \left(\frac{\square}{\square}, \frac{\square}{\square}\right)$

6 $\left(\frac{9}{14}, \frac{7}{12}\right) \Rightarrow \left(\frac{9\times \square}{14\times \square}, \frac{7\times \square}{12\times \square}\right) \Rightarrow \left(\frac{\square}{\square}, \frac{\square}{\square}\right)$

7 $\left(\frac{3}{10}, \frac{4}{25}\right) \Rightarrow \left(\frac{3\times \square}{10\times \square}, \frac{4\times \square}{25\times \square}\right) \Rightarrow \left(\frac{\square}{\square}, \frac{\square}{\square}\right)$

8 $\left(\frac{5}{13}, \frac{7}{52}\right) \Rightarrow \left(\frac{5\times \square}{13\times \square}, \frac{7\times \square}{52\times \square}\right) \Rightarrow \left(\frac{\square}{\square}, \frac{\square}{\square}\right)$

 두 분모의 곱을 공통분모로 하여 통분해 보세요.

1 $\frac{4}{5}$ $\frac{9}{10}$

$\left(\frac{4}{5}, \frac{9}{10}\right) \rightarrow \left(\frac{4\times10}{5\times10}, \frac{9\times5}{10\times5}\right) \rightarrow \left(\frac{40}{50}, \frac{45}{50}\right)$

2 $\frac{3}{4}$ $\frac{1}{6}$

3 $\frac{5}{6}$ $\frac{2}{9}$

4 $\frac{2}{3}$ $\frac{5}{12}$

 두 분모의 최소공배수를 공통분모로 하여 통분해 보세요.

5 $\frac{3}{14}$ $\frac{4}{7}$

$\left(\frac{3}{14}, \frac{4}{7}\right) \rightarrow \left(\frac{3}{14}, \frac{4\times2}{7\times2}\right) \rightarrow \left(\frac{3}{14}, \frac{8}{14}\right)$

6 $\frac{7}{10}$ $\frac{3}{8}$

7 $\frac{2}{15}$ $\frac{4}{9}$

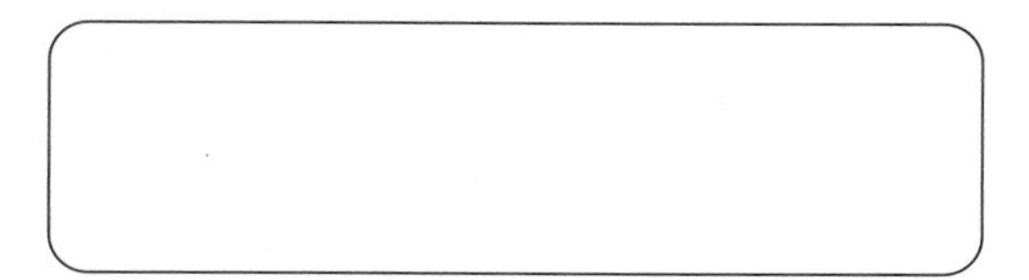

8 $\frac{5}{24}$ $\frac{9}{32}$

문제를 해결해 보세요.

1 노란색 테이프가 $\frac{7}{18}$ m, 파란색 테이프가 $\frac{5}{12}$ m 있습니다.
길이가 더 긴 색 테이프는 어느 것인가요?

(　　　　　　　　　　)

2 쌀 $\frac{7}{15}$ kg과 밀가루 $\frac{10}{21}$ kg이 있습니다.
쌀과 밀가루의 양을 비교하기 위해 분모를 통분하려고 합니다. 물음에 답하세요.

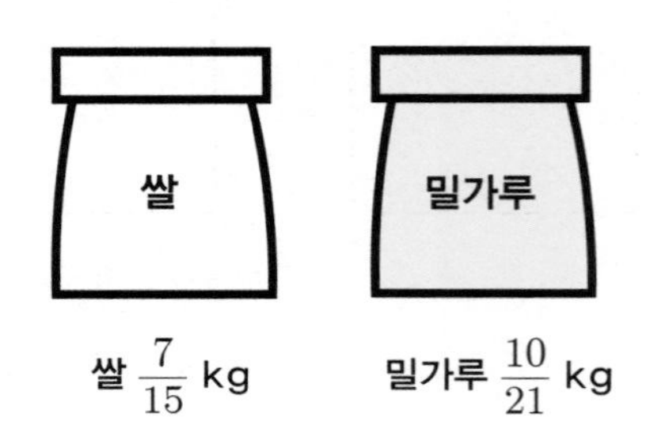

(1) 가장 작은 수를 공통분모로 하여 통분한다면 공통분모를 얼마로 해야 할까요?

(　　　　　　　　　　)

(2) 가장 작은 공통분모로 통분해 보세요.

(　　　　　　　　　　)

(3) 공통분모가 될 수 있는 수 중에서 500보다 작은 수를 모두 구해 보세요.

(　　　　　　　　　　)

개념 다시보기

두 분수를 통분해 보세요.

방법1 분모의 곱을 공통분모로 하여 통분하기

방법2 분모의 최소공배수를 공통분모로 하여 통분하기

1 $\left(\frac{5}{6}, \frac{3}{8}\right)$

방법1 ______

방법2 ______

2 $\left(\frac{2}{5}, \frac{9}{40}\right)$

방법1 ______

방법2 ______

3 $\left(\frac{4}{9}, \frac{11}{15}\right)$

방법1 ______

방법2 ______

4 $\left(\frac{7}{18}, \frac{5}{12}\right)$

방법1 ______

방법2 ______

5 $\left(\frac{1}{24}, \frac{3}{14}\right)$

방법1 ______

방법2 ______

6 $\left(\frac{9}{20}, \frac{6}{25}\right)$

방법1 ______

방법2 ______

도전해 보세요

1 $1\frac{16}{24}$과 $2\frac{5}{16}$를 통분하려고 합니다. 공통분모를 100보다 크고 150보다 작은 수로 하여 통분해 보세요.

( )

2 □ 안에 들어갈 수 있는 자연수는 모두 몇 개인지 구해 보세요.

$$\frac{5}{12} > \frac{\square}{30}$$

( )개

13단계 분수의 크기 비교

개념연결

5-1약분과 통분	5-1약분과 통분		5-1약분과 통분
크기가 같은 분수 만들기	분모가 같은 분수로 나타내기	분수의 크기 비교	분수와 소수의 크기 비교
$\frac{6}{12}=\frac{3}{6}=\frac{2}{4}=\frac{1}{2}$	$\left(\frac{3}{4}, \frac{5}{6}\right) \rightarrow \left(\frac{9}{12}, \frac{10}{12}\right)$	$\frac{1}{3} < \frac{2}{5}$	$\frac{4}{5} > 0.7$

배운 것을 기억해 볼까요?

1 $\frac{12}{16}=\frac{6}{\square}=\frac{\square}{4}$

2 $\left(\frac{1}{6}, \frac{5}{8}\right) \rightarrow \left(\frac{4}{\square}, \frac{\square}{24}\right)$

분수의 크기를 비교할 수 있어요.

30초 개념

분모가 다른 두 분수의 크기를 비교할 때는 통분하여 분모를 같게 한 다음 분자의 크기를 비교해요.

$\frac{1}{3}$과 $\frac{2}{5}$의 크기 비교하기

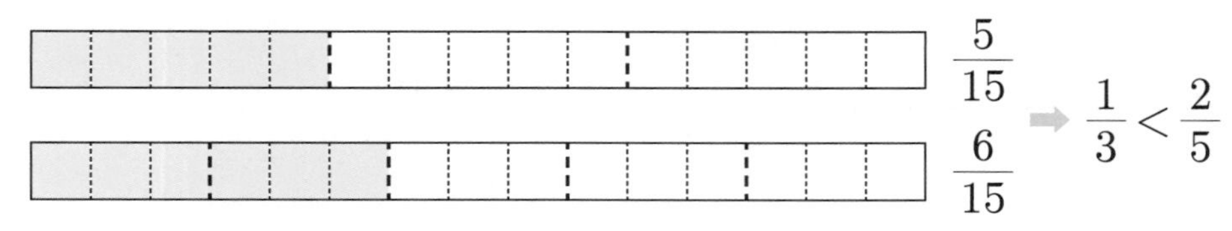

$\frac{5}{15}$, $\frac{6}{15}$ ➡ $\frac{1}{3} < \frac{2}{5}$

$\left(\frac{1}{3}, \frac{2}{5}\right) \rightarrow \left(\frac{1\times5}{3\times5}, \frac{2\times3}{5\times3}\right) \rightarrow \left(\frac{5}{15}, \frac{6}{15}\right)$

$\frac{5}{15} < \frac{6}{15}$이므로 $\frac{1}{3} < \frac{2}{5}$입니다.

분모를 같게 한 다음 분자의 크기를 비교해요.

이런 방법도 있어요!

분수의 크기 비교 방법

분모가 같을 때는 분자가 클수록 큰 분수예요. 예 $\frac{7}{15} < \frac{8}{15}$

분자가 같을 때는 분모가 작을수록 큰 분수예요. 예 $\frac{7}{15} < \frac{7}{13}$

□ 안에 알맞은 수를 써넣고 ○ 안에 >, =, <를 알맞게 써넣으세요.

1 $\left(\frac{2}{3}, \frac{7}{12}\right) \Rightarrow \left(\frac{2\times\boxed{4}}{3\times\boxed{4}}, \frac{\boxed{7}}{12}\right) \Rightarrow \left(\frac{\square}{12}, \frac{\square}{12}\right) \Rightarrow \frac{2}{3} \bigcirc \frac{7}{12}$

2 $\left(\frac{3}{4}, \frac{9}{10}\right) \Rightarrow \left(\frac{3\times\square}{4\times\square}, \frac{9\times\square}{10\times\square}\right) \Rightarrow \left(\frac{\square}{20}, \frac{\square}{20}\right) \Rightarrow \frac{3}{4} \bigcirc \frac{9}{10}$

3 $\left(\frac{4}{5}, \frac{7}{9}\right) \Rightarrow \left(\frac{4\times\square}{5\times\square}, \frac{7\times\square}{9\times\square}\right) \Rightarrow \left(\frac{\square}{45}, \frac{\square}{45}\right) \Rightarrow \frac{4}{5} \bigcirc \frac{7}{9}$

4 $\left(\frac{5}{6}, \frac{7}{8}\right) \Rightarrow \left(\frac{5\times\square}{6\times\square}, \frac{7\times\square}{8\times\square}\right) \Rightarrow \left(\frac{\square}{24}, \frac{\square}{24}\right) \Rightarrow \frac{5}{6} \bigcirc \frac{7}{8}$

5 $\left(\frac{9}{14}, \frac{16}{21}\right) \Rightarrow \left(\frac{9\times\square}{14\times\square}, \frac{16\times\square}{21\times\square}\right) \Rightarrow \left(\frac{\square}{42}, \frac{\square}{42}\right) \Rightarrow \frac{9}{14} \bigcirc \frac{16}{21}$

6 $\left(\frac{13}{16}, \frac{17}{24}\right) \Rightarrow \left(\frac{13\times\square}{16\times\square}, \frac{17\times\square}{24\times\square}\right) \Rightarrow \left(\frac{\square}{48}, \frac{\square}{48}\right) \Rightarrow \frac{13}{16} \bigcirc \frac{17}{24}$

7 $\left(\frac{5}{9}, \frac{14}{21}\right) \Rightarrow \left(\frac{5\times\square}{9\times\square}, \frac{14\times\square}{21\times\square}\right) \Rightarrow \left(\frac{\square}{63}, \frac{\square}{63}\right) \Rightarrow \frac{5}{9} \bigcirc \frac{14}{21}$

8 $\left(\frac{9}{10}, \frac{11}{12}\right) \Rightarrow \left(\frac{9\times\square}{10\times\square}, \frac{11\times\square}{12\times\square}\right) \Rightarrow \left(\frac{\square}{60}, \frac{\square}{60}\right) \Rightarrow \frac{9}{10} \bigcirc \frac{11}{12}$

개념 다지기

□ 안에 알맞은 수를 써넣고 ○ 안에 >, =, <를 알맞게 써넣으세요.

1. $\left(\frac{2}{5}, \frac{1}{4}\right) \Rightarrow \left(\frac{\square}{20}, \frac{\square}{20}\right)$

   $\frac{2}{5} \bigcirc \frac{1}{4}$

2. $\left(\frac{1}{3}, \frac{3}{8}\right) \Rightarrow \left(\frac{\square}{24}, \frac{\square}{24}\right)$

   $\frac{1}{3} \bigcirc \frac{3}{8}$

3. $\left(\frac{5}{6}, \frac{4}{9}\right) \Rightarrow \left(\frac{\square}{18}, \frac{\square}{18}\right)$

   $\frac{5}{6} \bigcirc \frac{4}{9}$

4. $\left(\frac{3}{7}, \frac{5}{9}\right) \Rightarrow \left(\frac{\square}{63}, \frac{\square}{63}\right)$

   $\frac{3}{7} \bigcirc \frac{5}{9}$

5. $\left(\frac{5}{8}, \frac{9}{16}\right) \Rightarrow \left(\frac{\square}{16}, \frac{\square}{16}\right)$

   $\frac{5}{8} \bigcirc \frac{9}{16}$

6. $\left(\frac{7}{12}, \frac{13}{15}\right) \Rightarrow \left(\frac{\square}{60}, \frac{\square}{60}\right)$

   $\frac{7}{12} \bigcirc \frac{13}{15}$

7. $\left(\frac{3}{10}, \frac{7}{18}\right) \Rightarrow \left(\square, \square\right)$

   $\frac{3}{10} \bigcirc \frac{7}{18}$

8. $\left(\frac{19}{30}, \frac{7}{12}\right) \Rightarrow \left(\square, \square\right)$

   $\frac{19}{30} \bigcirc \frac{7}{12}$

9. $\left(2\frac{3}{4}, 2\frac{4}{6}\right) \Rightarrow \left(\square, \square\right)$

   $2\frac{3}{4} \bigcirc 2\frac{4}{6}$

10. $\left(1\frac{7}{24}, 1\frac{13}{36}\right) \Rightarrow \left(\square, \square\right)$

    $1\frac{7}{24} \bigcirc 1\frac{13}{36}$

두 분수의 크기를 비교하여 ◯ 안에 >, =, <를 알맞게 써넣으세요.

1 $\frac{3}{5}$ ◯ $\frac{8}{15}$

$\left(\frac{3}{5}, \frac{8}{15}\right) \rightarrow \left(\frac{3\times3}{5\times3}, \frac{8}{15}\right) \rightarrow \left(\frac{9}{15}, \frac{8}{15}\right)$

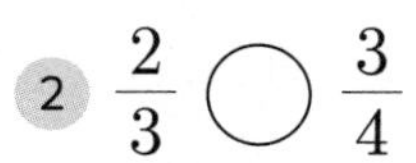

2 $\frac{2}{3}$ ◯ $\frac{3}{4}$

3 $\frac{5}{6}$ ◯ $\frac{7}{8}$

4 $\frac{8}{9}$ ◯ $\frac{9}{12}$

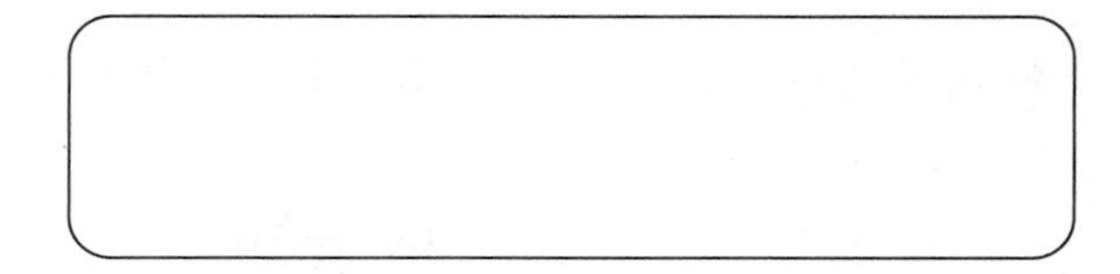

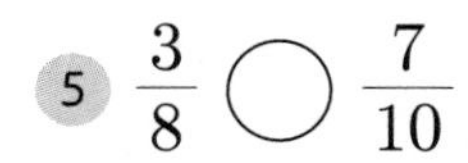

5 $\frac{3}{8}$ ◯ $\frac{7}{10}$

6 $\frac{8}{15}$ ◯ $\frac{13}{20}$

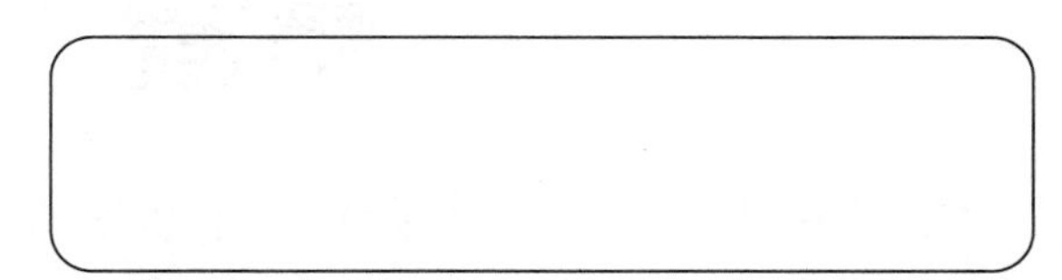

7 $\frac{17}{18}$ ◯ $\frac{11}{12}$

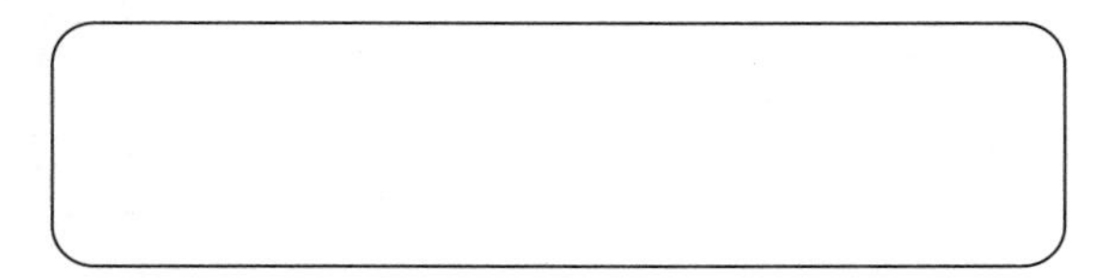

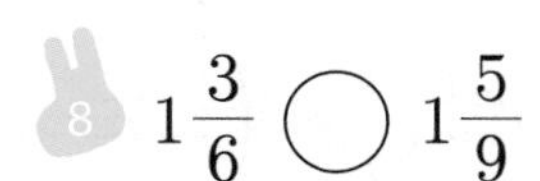

8 $1\frac{3}{6}$ ◯ $1\frac{5}{9}$

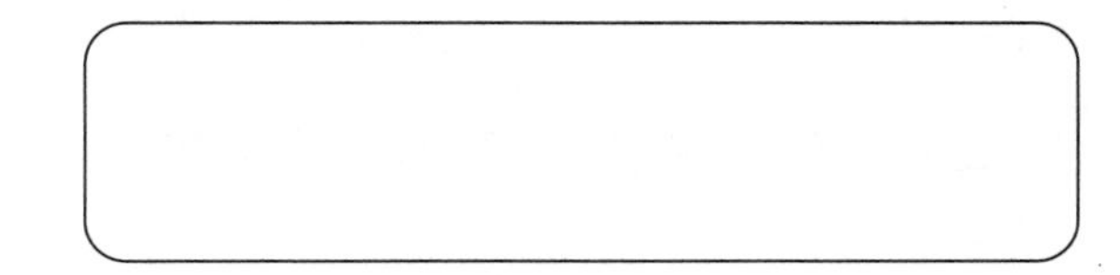

9 $\frac{12}{21}$ ◯ $\frac{28}{45}$

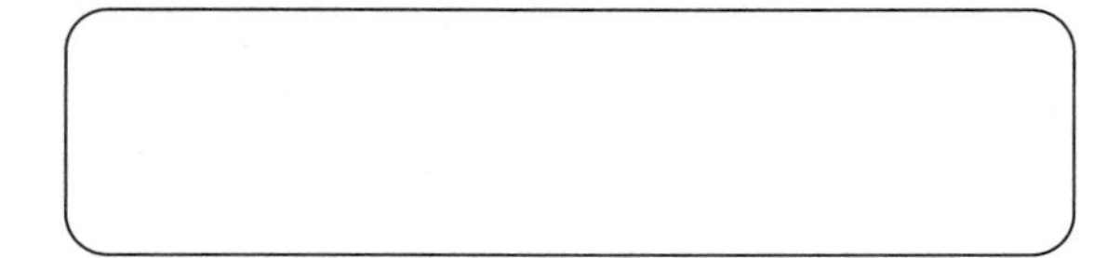

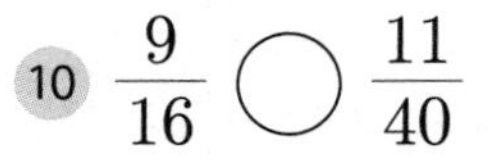

10 $\frac{9}{16}$ ◯ $\frac{11}{40}$

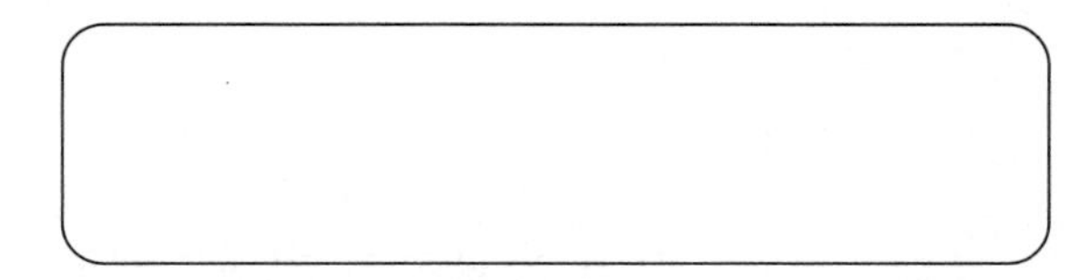

11 $2\frac{9}{14}$ ◯ $2\frac{16}{35}$

12 $\frac{7}{12}$ ◯ $\frac{23}{30}$

문제를 해결해 보세요.

1 규영이가 상자를 포장하는 데 노란색 테이프 $\frac{7}{9}$ m, 파란색 테이프 $\frac{13}{15}$ m, 주황색 테이프 $\frac{17}{21}$ m를 사용하였습니다. 가장 많이 사용한 테이프는 어느 것인가요?

( )

2 지우, 민지, 다현이네 집에서 학교까지의 거리입니다. 그림을 보고 물음에 답하세요.

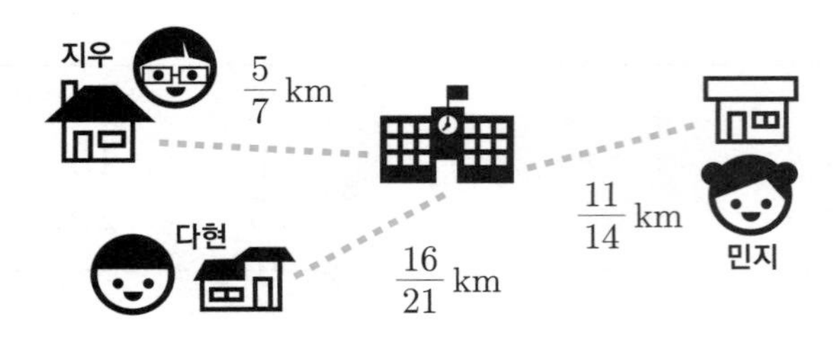

(1) 지우와 민지네 집에서 각각 학교까지의 거리를 비교해 보세요.

$\left(\frac{5}{7}, \frac{11}{14}\right) \Rightarrow \left(\frac{\square}{\square}, \frac{\square}{\square}\right) \Rightarrow \frac{5}{7} \bigcirc \frac{11}{14}$

(2) 민지와 다현이 중 누구의 집이 학교까지 더 가까운가요?

( )

(3) 지우와 다현이 중 누구의 집이 학교까지 더 가까운가요?

( )

(4) 누구의 집이 학교까지 가장 가까운가요?

( )

개념 다시보기

분수의 크기를 비교해 보세요.

1 $\left(\frac{3}{4}, \frac{5}{8}\right) \Rightarrow \left(\frac{\square}{8}, \frac{\square}{8}\right)$

$\Rightarrow \frac{3}{4} \bigcirc \frac{5}{8}$

2 $\left(\frac{5}{6}, \frac{2}{3}\right) \Rightarrow \left(\frac{\square}{\square}, \frac{\square}{\square}\right)$

$\Rightarrow \frac{5}{6} \bigcirc \frac{2}{3}$

3 $\left(\frac{3}{5}, \frac{4}{9}\right) \Rightarrow \left(\frac{\square}{\square}, \frac{\square}{\square}\right)$

$\Rightarrow \frac{3}{5} \bigcirc \frac{4}{9}$

4 $\left(\frac{9}{10}, \frac{11}{12}\right) \Rightarrow \left(\frac{\square}{\square}, \frac{\square}{\square}\right)$

$\Rightarrow \frac{9}{10} \bigcirc \frac{11}{12}$

5 $\left(1\frac{7}{9}, 1\frac{8}{15}\right) \Rightarrow 1\frac{7}{9} \bigcirc 1\frac{8}{15}$

6 $\left(\frac{13}{18}, \frac{17}{21}\right) \Rightarrow \frac{13}{18} \bigcirc \frac{17}{21}$

7 $\left(\frac{2}{3}, \frac{4}{7}, \frac{5}{8}\right) \Rightarrow \frac{\square}{\square} < \frac{\square}{\square} < \frac{\square}{\square}$

8 $\left(\frac{4}{5}, \frac{5}{8}, \frac{7}{10}\right) \Rightarrow \frac{\square}{\square} > \frac{\square}{\square} > \frac{\square}{\square}$

도전해 보세요

1 크기가 큰 분수부터 차례로 써 보세요.

$\frac{16}{72}$ $\frac{12}{18}$ $\frac{8}{52}$ $\frac{14}{35}$

(   )

2 $\square$ 안에 들어갈 수 있는 자연수는 모두 몇 개인지 구해 보세요.

$\frac{5}{14} < \frac{\square}{63} < \frac{3}{7}$

(   )

14단계 분수와 소수의 크기 비교하기

개념연결

5-1약분과 통분	5-1약분과 통분		5-1분수의 덧셈과 뺄셈
분모가 같은 분수로 나타내기	분수의 크기 비교	분수와 소수의 크기 비교	분모가 다른 진분수의 덧셈
$\left(\frac{3}{4}, \frac{5}{6}\right) \Rightarrow \left(\frac{9}{12}, \frac{10}{12}\right)$	$\frac{1}{3} < \frac{2}{5}$	$\frac{4}{5} > 0.7$	$\frac{1}{8} + \frac{2}{3} = \frac{19}{24}$

배운 것을 기억해 볼까요?

1 (1) $\left(\frac{5}{6}, \frac{7}{10}\right) \Rightarrow \left(\frac{\square}{30}, \frac{\square}{30}\right)$

(2) $\left(\frac{4}{5}, \frac{3}{4}\right) \Rightarrow \left(\frac{\square}{20}, \frac{\square}{20}\right)$

2 (1) $\frac{5}{6} \bigcirc \frac{5}{8}$

(2) $\frac{11}{12} \bigcirc \frac{15}{16}$

분수와 소수의 크기를 비교할 수 있어요.

30초 개념 분수와 소수의 크기 비교는 분수를 소수로 나타내거나 소수를 분수로 나타내어 비교해요.

$\frac{4}{5}$와 0.7의 크기 비교하기

$\frac{4}{5}$: $\frac{8}{10} = 0.8$

0.7 : $\frac{7}{10}$

$\Rightarrow \frac{4}{5} > 0.7$

① 분수를 소수로 나타내기

$\frac{4}{5} = \frac{4\times2}{5\times2} = \frac{8}{10} = 0.8 \Rightarrow 0.8 > 0.7 \Rightarrow \frac{4}{5} > 0.7$

② 소수를 분수로 나타내기

$0.7 = \frac{7}{10}, \frac{4}{5} = \frac{4\times2}{5\times2} = \frac{8}{10} \Rightarrow \frac{7}{10} < \frac{8}{10} \Rightarrow 0.7 < \frac{4}{5}$

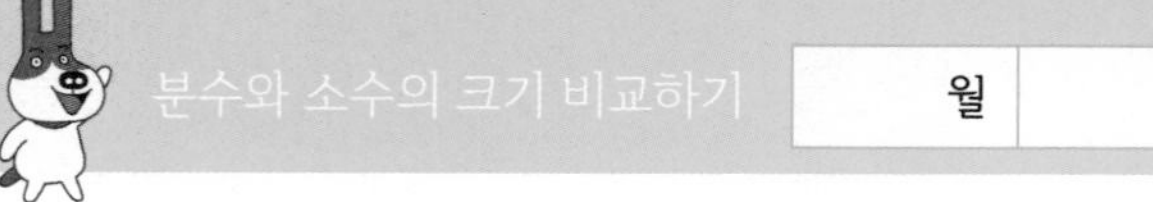

개념 익히기

 분수와 소수의 크기를 비교해 보세요.

소수를 분수로 나타낸 다음 두 분수를 통분해서 크기를 비교해요.

1 $\left(\frac{1}{2},\ 0.6\right)$

방법1 분수를 소수로 나타내기

$(\boxed{0.5},\ 0.6) \Rightarrow \frac{1}{2} \bigcirc 0.6$

$\frac{1}{2}=\frac{5}{10}=0.5$

방법2 소수를 분수로 나타내기

$\left(\frac{1}{2},\ \frac{\square}{10}\right) \Rightarrow \left(\frac{\square}{10},\ \frac{\square}{10}\right) \Rightarrow \frac{1}{2} \bigcirc 0.6$

$0.6=\frac{6}{10}$

2 $\left(0.9,\ \frac{4}{5}\right)$

방법1 분수를 소수로 나타내기

$(0.9,\ \square) \Rightarrow 0.9 \bigcirc \frac{4}{5}$

방법2 소수를 분수로 나타내기

$\left(\frac{\square}{10},\ \frac{4}{5}\right) \Rightarrow \left(\frac{\square}{10},\ \frac{\square}{10}\right) \Rightarrow 0.9 \bigcirc \frac{4}{5}$

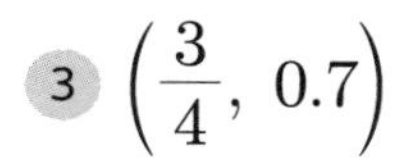

3 $\left(\frac{3}{4},\ 0.7\right)$

방법1 분수를 소수로 나타내기

$(\square,\ 0.7) \Rightarrow \frac{3}{4} \bigcirc 0.7$

방법2 소수를 분수로 나타내기

$\left(\frac{3}{4},\ \frac{\square}{10}\right) \Rightarrow \left(\frac{\square}{20},\ \frac{\square}{20}\right) \Rightarrow \frac{3}{4} \bigcirc 0.7$

4 $\left(0.5,\ \frac{12}{20}\right)$

방법1 분수를 소수로 나타내기

$(0.5,\ \square) \Rightarrow 0.5 \bigcirc \frac{12}{20}$

방법2 소수를 분수로 나타내기

$\left(\frac{\square}{10},\ \frac{12}{20}\right) \Rightarrow \left(\frac{\square}{10},\ \frac{\square}{10}\right) \Rightarrow 0.5 \bigcirc \frac{12}{20}$

덤

분수를 소수로 나타내려면 분모를 10, 100, 1000, …과 같이 10의 배수로 만들어요.

예 $\frac{3}{10}=0.3,\ \frac{23}{100}=0.23,\ \frac{423}{1000}=0.423$

분수와 소수의 크기를 비교해 보세요.

1 $\left(\frac{1}{5},\ 0.3\right)$

$\Rightarrow (\boxed{0.2},\ 0.3)$

$\Rightarrow \frac{1}{5}\ \bigcirc\ 0.3$

2 $\left(\frac{2}{3},\ 0.8\right)$

$\Rightarrow \left(\frac{2}{3},\ \frac{\boxed{8}}{\boxed{10}}\right) \Rightarrow \left(\frac{\boxed{}}{30},\ \frac{\boxed{}}{30}\right)$

$\Rightarrow \frac{2}{3}\ \bigcirc\ 0.8$

3 $\left(\frac{3}{5},\ 0.6\right)$

$\Rightarrow (\boxed{},\ 0.6)$

$\Rightarrow \frac{3}{5}\ \bigcirc\ 0.6$

4 $\left(\frac{5}{7},\ 0.5\right)$

$\Rightarrow \left(\frac{5}{7},\ \frac{\boxed{5}}{\boxed{}}\right) \Rightarrow \left(\frac{\boxed{}}{70},\ \frac{\boxed{}}{70}\right)$

$\Rightarrow \frac{5}{7}\ \bigcirc\ 0.5$

5 $\left(\frac{7}{8},\ 0.7\right)$

$\Rightarrow (\boxed{},\ 0.7)$

$\Rightarrow \frac{7}{8}\ \bigcirc\ 0.7$

6 $\left(1\frac{1}{6},\ 1.2\right)$

$\Rightarrow \left(1\frac{1}{6},\ 1\frac{\boxed{2}}{\boxed{}}\right) \Rightarrow \left(1\frac{\boxed{}}{30},\ 1\frac{\boxed{}}{30}\right)$

$\Rightarrow 1\frac{1}{6}\ \bigcirc\ 1.2$

7 $\left(\frac{9}{20},\ 0.5\right)$

$\Rightarrow (\boxed{},\ 0.5)$

$\Rightarrow \frac{9}{20}\ \bigcirc\ 0.5$

8 $\left(2\frac{5}{12},\ 2.4\right)$

$\Rightarrow \left(2\frac{5}{12},\ 2\frac{\boxed{4}}{\boxed{}}\right) \Rightarrow \left(2\frac{\boxed{}}{60},\ 2\frac{\boxed{}}{60}\right)$

$\Rightarrow 2\frac{5}{12}\ \bigcirc\ 2.4$

두 분수의 크기를 비교하여 ◯ 안에 >, =, <를 알맞게 써넣으세요.

1. $\frac{3}{4}$ ◯ 0.5

2. $\frac{13}{20}$ ◯ 0.9

3. 0.75 ◯ $\frac{2}{5}$

4. 0.6 ◯ $\frac{5}{9}$

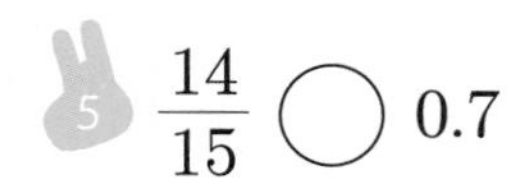

5. $\frac{14}{15}$ ◯ 0.7

6. 1.4 ◯ $1\frac{7}{12}$

7. 0.62 ◯ $\frac{5}{8}$

8. $\frac{8}{25}$ ◯ 0.32

9. $\frac{23}{30}$ ◯ 0.56

10. $2\frac{6}{7}$ ◯ 2.19

11. $\frac{23}{50}$ ◯ 0.45

12. 1.125 ◯ $1\frac{1}{8}$

13. 4.05 ◯ $4\frac{11}{200}$

14. $10\frac{3}{25}$ ◯ 10.102

문제를 해결해 보세요.

1 2개의 컵에 우유가 들어 있습니다. 우유가 더 많이 들어 있는 컵을 찾아 기호를 써 보세요.

( )

2 지수네 집에서 수민, 예리, 현지네 집까지의 거리를 나타낸 그림입니다. 물음에 답하세요.

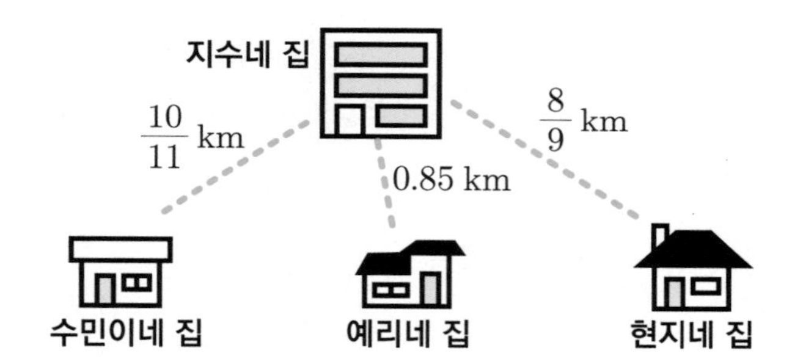

(1) 거리를 비교하여 지수네 집에서 가장 가까운 친구의 집을 찾아보세요.

( )

(2) 거리를 비교하여 지수네 집에서 가장 먼 친구의 집을 찾아보세요.

( )

(3) 지수네 집에서 집이 가장 가까운 친구부터 순서대로 이름을 써 보세요.

( )

개념 다시보기

두 수의 크기를 비교하여 ◯ 안에 >, =, <를 알맞게 써넣으세요.

1 $0.5 \bigcirc \frac{1}{4}$

2 $0.2 \bigcirc \frac{2}{5}$

3 $\frac{6}{11} \bigcirc 0.6$

4 $0.4 \bigcirc \frac{23}{30}$

5 $\frac{8}{15} \bigcirc 0.8$

6 $\frac{19}{20} \bigcirc 0.9$

7 $2\frac{4}{5} \bigcirc 3.21$

8 $1\frac{4}{7} \bigcirc 1.6$

9 $2.7 \bigcirc 2\frac{7}{9}$

도전해 보세요

1 네 사람의 가방 무게를 재어 보았더니 다음과 같았습니다. 누구의 가방이 가장 무거운가요?

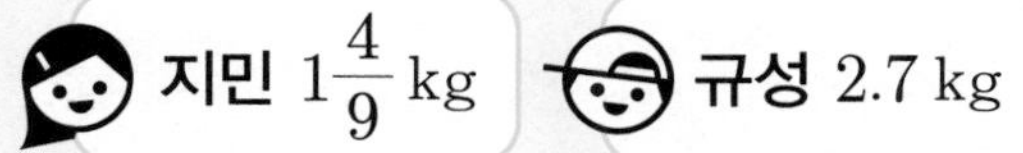

지민 $1\frac{4}{9}$ kg 규성 2.7 kg

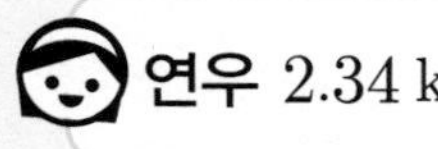

연우 2.34 kg 민수 $2\frac{2}{3}$ kg

(   )

2 조건 을 만족하는 수 카드를 모두 찾아 ◯표 하세요.

조건
- $\frac{3}{4}$보다 작습니다.
- $\frac{1}{2}$보다 큽니다.

$\frac{5}{12}$	0.74	$\frac{5}{9}$	0.5

15단계 분모가 다른 진분수의 덧셈

개념연결

4-2분수의 덧셈과 뺄셈	5-1약분과 통분		5-1분수의 덧셈과 뺄셈
분모가 같은 분수의 덧셈과 뺄셈	분수의 약분과 통분	분모가 다른 진분수의 덧셈	대분수의 덧셈
$\frac{2}{7}+\frac{3}{7}=\frac{5}{7}$	$\left(\frac{2}{3}, \frac{3}{4}\right) \rightarrow \left(\frac{8}{12}, \frac{9}{12}\right)$	$\frac{1}{8}+\frac{2}{3}=\frac{19}{24}$	$1\frac{1}{2}+2\frac{2}{5}=3\frac{9}{10}$

배운 것을 기억해 볼까요?

1 $\frac{2}{9}+\frac{5}{9}=$

2 $\left(\frac{5}{8}, \frac{4}{9}\right) \rightarrow \left(\frac{45}{\square}, \frac{32}{\square}\right)$

3 $\frac{5}{8} \bigcirc \frac{2}{3}$

분모가 다른 진분수의 덧셈을 할 수 있어요.

30초 개념

분모가 다른 두 분수의 덧셈은 분모를 통분한 후 계산해요. 통분하는 방법은 두 분모의 곱으로 통분하는 방법과 최소공배수로 통분하는 방법이 있어요.

$\frac{1}{4}+\frac{5}{8}$의 계산

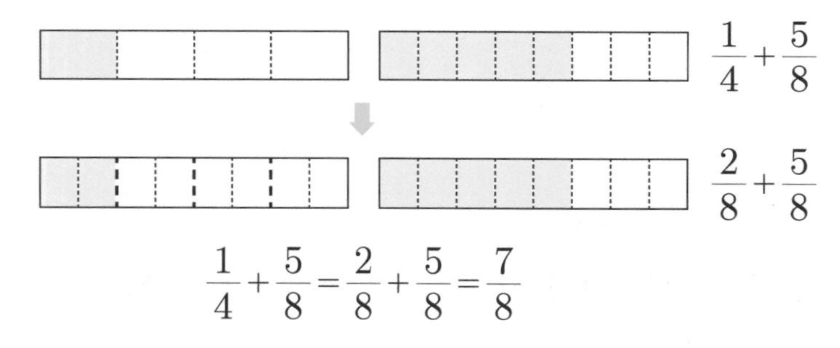

$$\frac{1}{4}+\frac{5}{8}=\frac{2}{8}+\frac{5}{8}=\frac{7}{8}$$

① 두 분모의 곱으로 통분하여 계산하기

$$\frac{1}{4}+\frac{5}{8}=\frac{1\times8}{4\times8}+\frac{5\times4}{8\times4}=\frac{8}{32}+\frac{20}{32}=\frac{28}{32}=\frac{7}{8}$$

② 두 분모의 최소공배수로 통분하여 계산하기

$$\frac{1}{4}+\frac{5}{8}=\frac{1\times2}{4\times2}+\frac{5}{8}=\frac{2}{8}+\frac{5}{8}=\frac{7}{8}$$

□ 안에 알맞은 수를 써넣으세요.

분모를 통분할 때
두 분모의 공약수가 1뿐이면
두 분모의 곱이
최소공배수가 돼요.

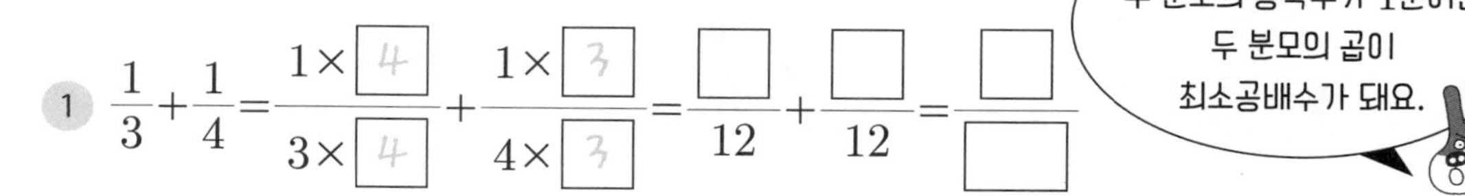

1. $\frac{1}{3}+\frac{1}{4}=\frac{1\times 4}{3\times 4}+\frac{1\times 3}{4\times 3}=\frac{\square}{12}+\frac{\square}{12}=\frac{\square}{\square}$

2. $\frac{2}{5}+\frac{2}{9}=\frac{2\times\square}{5\times\square}+\frac{2\times\square}{9\times\square}=\frac{\square}{45}+\frac{\square}{45}=\frac{\square}{\square}$

3. $\frac{3}{4}+\frac{2}{7}=\frac{3\times\square}{4\times\square}+\frac{2\times\square}{7\times\square}=\frac{\square}{28}+\frac{\square}{28}=\frac{\square}{\square}=\square\frac{\square}{\square}$

4. $\frac{2}{5}+\frac{3}{10}=\frac{2\times\square}{5\times\square}+\frac{3}{10}=\frac{\square}{10}+\frac{3}{10}=\frac{\square}{\square}$

5. $\frac{1}{3}+\frac{5}{6}=\frac{1\times\square}{3\times\square}+\frac{5}{6}=\frac{\square}{6}+\frac{5}{6}=\frac{\square}{\square}=\square\frac{\square}{\square}$

6. $\frac{1}{4}+\frac{4}{9}=\frac{1\times\square}{4\times\square}+\frac{4\times\square}{9\times\square}=\frac{\square}{36}+\frac{\square}{36}=\frac{\square}{\square}$

7. $\frac{3}{8}+\frac{5}{12}=\frac{3\times\square}{8\times\square}+\frac{5\times\square}{12\times\square}=\frac{\square}{24}+\frac{\square}{24}=\frac{\square}{\square}$

최소공배수 구하기

방법1 $8=2\times2\times2$　　$12=2\times2\times3$ ➡ 8과 12의 최소공배수: $2\times2\times2\times3=24$

방법2

$$\begin{array}{r|rr} 2 & 8 & 12 \\ 2 & 4 & 6 \\ \hline & 2 & 3 \end{array}$$

➡ 8과 12의 최소공배수: $2\times2\times2\times3=24$

개념 다지기

계산해 보세요.

1 $\frac{1}{2}+\frac{1}{6}=$

2 $\frac{2}{3}+\frac{3}{4}=$

3 $\frac{2}{7}+\frac{3}{5}=$

4 $\frac{1}{7}+\frac{5}{7}=$

5 $\frac{3}{8}+\frac{1}{5}=$

6 $\frac{2}{5}+\frac{4}{15}=$

7 $\frac{3}{9}+\frac{5}{9}=$

8 $\frac{5}{6}+\frac{1}{7}=$

9 $\frac{4}{5}+\frac{7}{9}=$

10 $\frac{4}{9}+\frac{7}{12}=$

11 $\frac{1}{6}+\frac{5}{9}=$

12 $\frac{5}{7}+\frac{9}{14}=$

두 분수의 합을 구해 보세요.

1 $\left(\frac{2}{3}, \frac{1}{2}\right)$

$\frac{2}{3}+\frac{1}{2}=\frac{2\times2}{3\times2}+\frac{1\times3}{2\times3}$

$=\frac{4}{6}+\frac{3}{6}=\frac{7}{6}=1\frac{1}{6}$

2 $\left(\frac{1}{4}, \frac{5}{6}\right)$

3 $\left(\frac{2}{5}, \frac{3}{10}\right)$

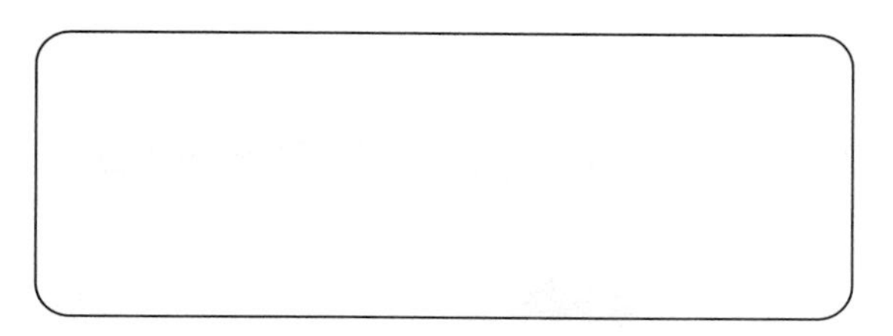

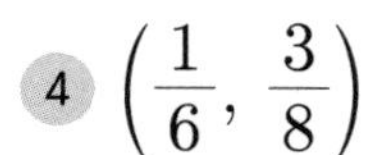

4 $\left(\frac{1}{6}, \frac{3}{8}\right)$

5 $\left(\frac{3}{4}, \frac{5}{6}\right)$

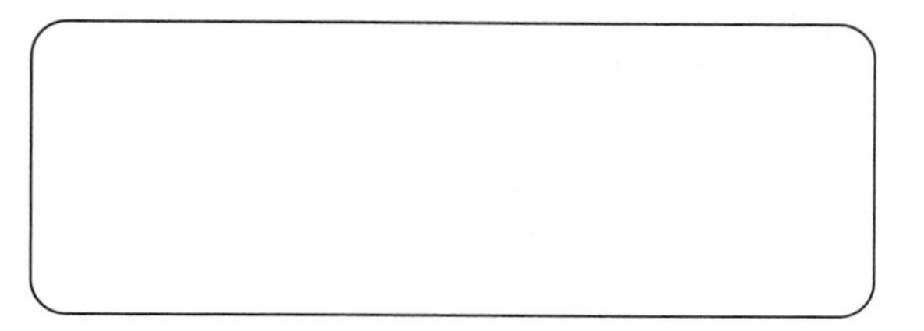

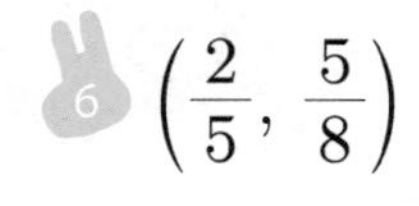

6 $\left(\frac{2}{5}, \frac{5}{8}\right)$

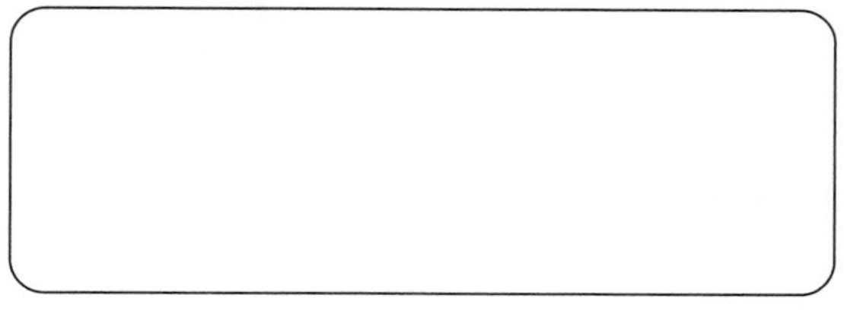

7 $\left(\frac{2}{3}, \frac{7}{8}\right)$

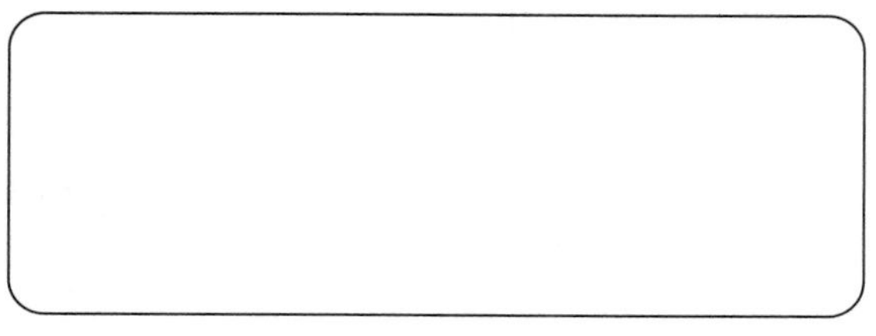

8 $\left(\frac{4}{5}, \frac{2}{7}\right)$

9 $\left(\frac{4}{9}, \frac{5}{21}\right)$

10 $\left(\frac{5}{8}, \frac{7}{12}\right)$

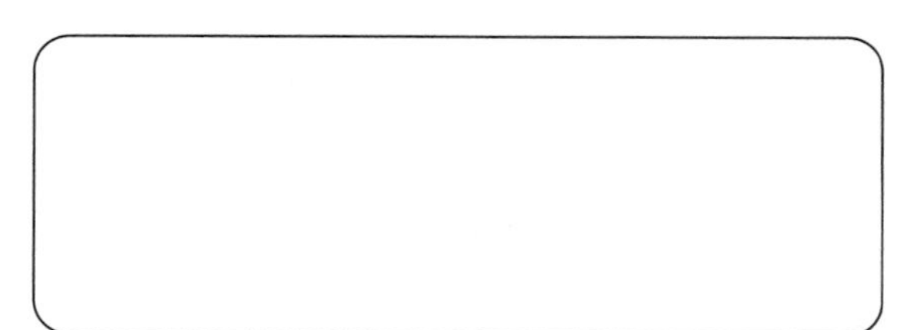

문제를 해결해 보세요.

1 오렌지 주스를 준수는 $\frac{2}{5}$ L, 지호는 $\frac{1}{2}$ L 마셨습니다. 준수와 지호가 마신 오렌지 주스는 모두 몇 L인가요?

식____________ 답____________ L

2 혜린이와 서윤이는 공원에서 만나서 함께 서점에 가려고 합니다. 그림을 보고 물음에 답하세요.

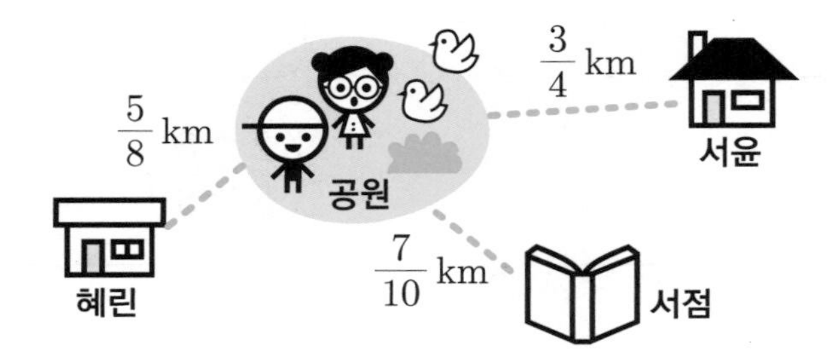

(1) 혜린이네 집에서 공원을 지나 서점까지의 거리는 몇 km인가요?

식____________ 답____________ km

(2) 서윤이네 집에서 공원을 지나 서점까지의 거리는 몇 km인가요?

식____________ 답____________ km

개념 다시보기

계산해 보세요.

1 $\frac{1}{2}+\frac{3}{5}=\frac{1\times\square}{2\times\square}+\frac{3\times\square}{5\times\square}=\frac{\square}{10}+\frac{\square}{10}=\frac{\square}{\square}=\square\frac{\square}{\square}$

2 $\frac{5}{6}+\frac{4}{9}=\frac{5\times\square}{6\times\square}+\frac{4\times\square}{9\times\square}=\frac{\square}{18}+\frac{\square}{18}=\frac{\square}{\square}=\square\frac{\square}{\square}$

3 $\frac{1}{3}+\frac{5}{12}=$

4 $\frac{7}{10}+\frac{4}{15}=$

5 $\frac{3}{7}+\frac{9}{28}=$

6 $\frac{4}{9}+\frac{5}{12}=$

7 $\frac{3}{8}+\frac{1}{20}=$

8 $\frac{5}{6}+\frac{7}{15}=$

도전해 보세요

1 진수, 동민, 정우가 분수 만들기 놀이를 하고 있습니다. 동민이와 정우가 만든 분수를 각각 구해 보세요.

진수: 내가 만든 분수는 $\frac{7}{12}$이야.

동민: 나는 진수보다 $\frac{1}{4}$이 더 큰 분수야.

정우: 나는 동민이보다 $\frac{1}{10}$이 더 큰 분수야.

동민(　　　　) 정우(　　　　)

2 $\square$ 안에 들어갈 수 있는 자연수를 모두 구해 보세요.

$$\frac{\square}{6}+\frac{5}{9}<1$$

(　　　　　　　　)

16단계 받아올림이 없는 대분수의 덧셈

개념연결

5-1약분과 통분	5-1약분과 통분		5-1분수의 덧셈과 뺄셈
분수의 약분과 통분	분모가 다른 진분수의 덧셈	받아올림이 없는 대분수의 덧셈	받아올림이 있는 대분수의 덧셈
$\left(\frac{2}{3}, \frac{3}{4}\right) \Rightarrow \left(\frac{8}{12}, \frac{9}{12}\right)$	$\frac{1}{8}+\frac{2}{3}=\frac{19}{24}$	$1\frac{1}{2}+2\frac{2}{5}=3\frac{9}{10}$	$1\frac{5}{7}+1\frac{3}{4}=3\frac{13}{28}$

배운 것을 기억해 볼까요?

1 $\left(\frac{1}{2}, \frac{5}{7}\right) \Rightarrow \left(\frac{\square}{14}, \frac{\square}{14}\right)$

2 $\frac{3}{10}+\frac{4}{5}=$

받아올림이 없는 대분수의 덧셈을 할 수 있어요.

30초 개념

대분수의 덧셈은 자연수는 자연수끼리, 분수는 분수끼리 더해요.
대분수를 가분수로 고쳐서 계산할 수도 있어요.

$1\frac{1}{2}+2\frac{2}{5}$ 의 계산

$1\frac{1}{2}=1\frac{5}{10}$

$2\frac{2}{5}=2\frac{4}{10}$

$1\frac{1}{2}+2\frac{2}{5}=3\frac{9}{10}$

① 자연수는 자연수끼리 분수는 분수끼리 통분하여 계산하기

$$1\frac{1}{2}+2\frac{2}{5}=1\frac{1\times5}{2\times5}+2\frac{2\times2}{5\times2}=1\frac{5}{10}+2\frac{4}{10}=(1+2)+\left(\frac{5}{10}+\frac{4}{10}\right)=3+\frac{9}{10}=3\frac{9}{10}$$

② 대분수를 가분수로 나타내어 계산하기

$$1\frac{1}{2}+2\frac{2}{5}=\frac{3}{2}+\frac{12}{5}=\frac{3\times5}{2\times5}+\frac{12\times2}{5\times2}=\frac{15}{10}+\frac{24}{10}=\frac{39}{10}=3\frac{9}{10}$$

$\square$ 안에 알맞은 수를 써넣으세요.

1. $2\frac{1}{3}+1\frac{2}{5}=2\frac{1\times 5}{3\times 5}+1\frac{2\times 3}{5\times 3}$

$=(2+1)+\left(\frac{\square}{15}+\frac{\square}{15}\right)$

$=3+\frac{\square}{15}=\square\frac{\square}{\square}$

분모끼리의 곱 또는
두 분모의 최소공배수가
두 분수의 공통분모가
될 수 있어요.

2. $1\frac{3}{10}+2\frac{1}{4}=1\frac{\square}{20}+2\frac{\square}{20}=(1+2)+\left(\frac{\square}{20}+\frac{\square}{20}\right)=3+\frac{\square}{20}=\square\frac{\square}{\square}$

3. $2\frac{1}{6}+3\frac{5}{9}=2\frac{\square}{18}+3\frac{\square}{18}=(2+3)+\left(\frac{\square}{18}+\frac{\square}{18}\right)=5+\frac{\square}{18}=\square\frac{\square}{\square}$

4. $3\frac{1}{2}+2\frac{3}{8}=\frac{\square}{2}+\frac{\square}{8}=\frac{\square\times\square}{2\times\square}+\frac{\square}{8}=\frac{\square}{8}+\frac{\square}{8}=\frac{\square}{8}=\square\frac{\square}{\square}$

5. $2\frac{1}{4}+7\frac{2}{5}=\frac{\square}{4}+\frac{\square}{5}=\frac{\square\times\square}{4\times\square}+\frac{\square\times\square}{5\times\square}=\frac{\square}{20}+\frac{\square}{20}$

$=\frac{\square}{20}=\square\frac{\square}{\square}$

개념 다지기

 계산해 보세요.

1. $1\frac{2}{3}+2\frac{1}{4}=$

2. $3\frac{1}{2}+1\frac{2}{7}=$

3. $4\frac{1}{6}+2\frac{3}{5}=$

4. $2\frac{1}{4}+3\frac{3}{8}=$

5. $3\frac{5}{12}+4\frac{5}{12}=$

6. $1\frac{2}{5}+2\frac{4}{12}=$

7. $3\frac{1}{6}+1\frac{2}{9}=$

8. $2\frac{5}{7}+3\frac{3}{14}=$

9. $5\frac{2}{9}+2\frac{3}{5}=$

10. $1\frac{5}{12}+3\frac{8}{21}=$

11. $3\frac{1}{12}+6\frac{4}{18}=$

12. $4\frac{9}{20}+3\frac{7}{50}=$

두 분수의 합을 구해 보세요.

1 $\left(2\frac{1}{2}, 3\frac{1}{4}\right)$

$2\frac{1}{2}+3\frac{1}{4}=2\frac{2}{4}+3\frac{1}{4}=(2+3)+\left(\frac{2}{4}+\frac{1}{4}\right)$

$=5+\frac{3}{4}=5\frac{3}{4}$

2 $\left(1\frac{1}{3}, 2\frac{1}{6}\right)$

3 $\left(3\frac{1}{6}, 4\frac{5}{9}\right)$

4 $\left(2\frac{1}{4}, 4\frac{3}{10}\right)$

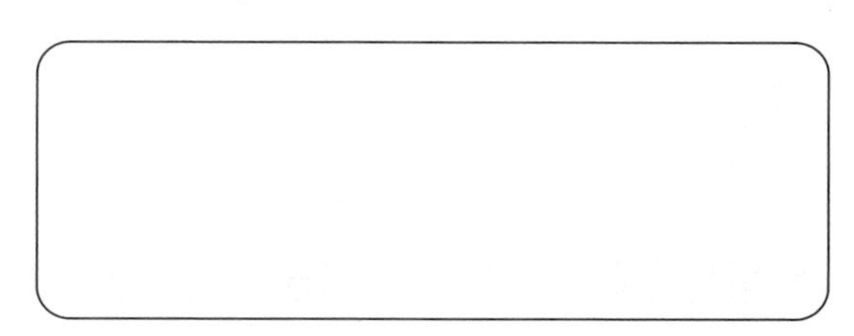

5 $\left(3\frac{2}{5}, 2\frac{4}{25}\right)$

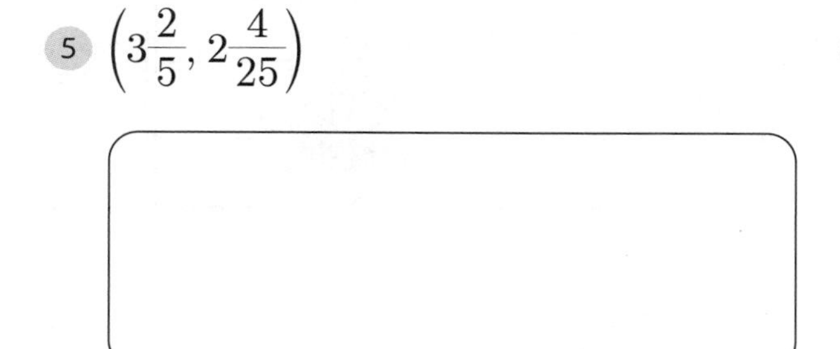

6 $\left(6\frac{7}{15}, 3\frac{1}{10}\right)$

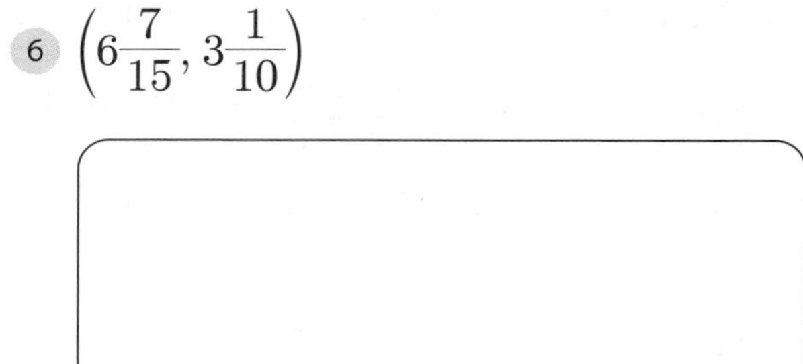

7 $\left(4\frac{2}{7}, 3\frac{4}{9}\right)$

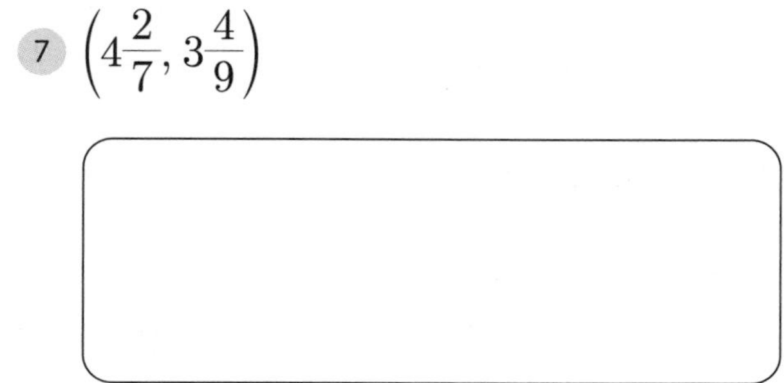

8 $\left(2\frac{1}{4}, 3\frac{5}{14}\right)$

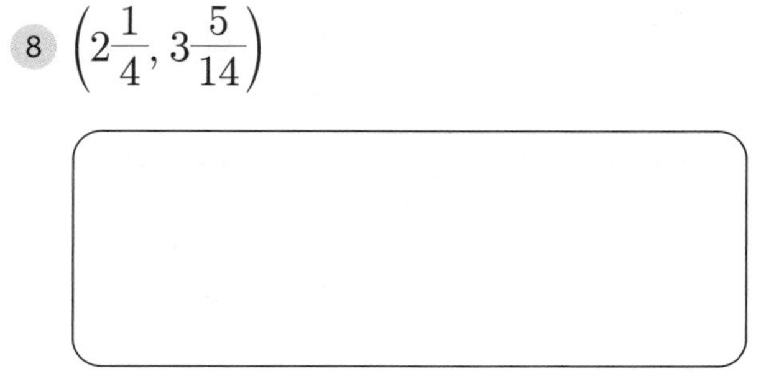

9 $\left(5\frac{5}{12}, 4\frac{3}{16}\right)$

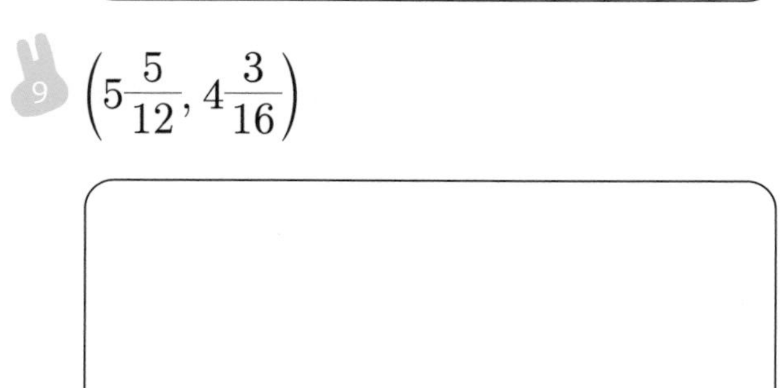

10 $\left(6\frac{3}{20}, 5\frac{7}{24}\right)$

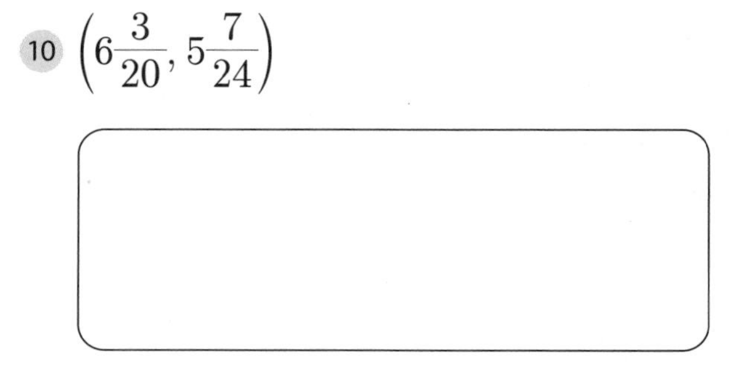

문제를 해결해 보세요.

1 미술 시간에 찰흙을 가은이네 반은 $5\frac{1}{6}$ kg, 라온이네 반은 $4\frac{5}{9}$ kg 사용하였습니다. 가은이네 반과 라온이네 반에서 사용한 찰흙은 모두 몇 kg인가요?

식 ____________________ 답 ____________________ kg

2 방을 칠하기 위해 서로 다른 색의 페인트를 섞었습니다. 큰방은 노란색 페인트 $3\frac{2}{5}$ L와 흰색 페인트 $1\frac{1}{6}$ L를, 작은방은 파란색 페인트 $2\frac{3}{7}$ L와 흰색 페인트 $1\frac{5}{14}$ L를 섞어서 모두 사용하였습니다. 물음에 답하세요.

(1) 큰방을 칠하는 데 사용한 페인트는 모두 몇 L인가요?

식 ____________________ 답 ____________________ L

(2) 작은방을 칠하는 데 사용한 페인트는 모두 몇 L인가요?

식 ____________________ 답 ____________________ L

개념 다시보기

계산해 보세요.

1. $1\frac{1}{2}+2\frac{1}{5}=1\frac{\square}{10}+2\frac{\square}{10}=(1+2)+\left(\frac{\square}{10}+\frac{\square}{10}\right)=3+\frac{\square}{10}=\square\frac{\square}{\square}$

2. $2\frac{2}{3}+3\frac{1}{5}=\frac{\square}{3}+\frac{\square}{5}=\frac{\square}{15}+\frac{\square}{15}=\frac{\square}{15}=\square\frac{\square}{\square}$

3. $2\frac{3}{8}+1\frac{3}{10}=$

4. $3\frac{2}{11}+2\frac{4}{33}=$

5. $4\frac{5}{6}+3\frac{2}{15}=$

6. $5\frac{11}{18}+2\frac{13}{45}=$

도전해 보세요

1. 태연이와 준수가 수 카드를 한 번씩만 사용하여 가장 큰 대분수를 만들었습니다. 태연이와 준수가 각각 만든 대분수의 합을 구해 보세요.

태연: 5 3 1

준수: 6 5 2

(　　　　　　　　)

2. □ 안에 알맞은 자연수는 모두 몇 개인지 구해 보세요.

$2\frac{2}{9}+3\frac{1}{6}<\square<10$

(　　　　　　　　)개

17단계 받아올림이 있는 대분수의 덧셈

개념연결

5-1분수의 덧셈과 뺄셈	5-1분수의 덧셈과 뺄셈		5-1분수의 덧셈과 뺄셈
분모가 다른 진분수의 덧셈	받아올림이 없는 대분수의 덧셈	받아올림이 있는 대분수의 덧셈	분모가 다른 진분수의 뺄셈
$\frac{1}{8}+\frac{2}{3}=\frac{19}{24}$	$2\frac{2}{3}+1\frac{1}{5}=3\frac{13}{15}$	$3\frac{5}{6}+2\frac{4}{9}=6\frac{5}{18}$	$\frac{2}{7}-\frac{1}{6}=\frac{5}{42}$

배운 것을 기억해 볼까요?

1 $\frac{1}{3}+\frac{1}{4}=$

2 $4\frac{2}{5}+1\frac{1}{2}=$

받아올림이 있는 대분수의 덧셈을 할 수 있어요.

30초 개념

받아올림이 있는 대분수의 덧셈은 자연수는 자연수끼리, 분수는 분수끼리 더해요. 이때 분수끼리 더한 값이 가분수이면 대분수로 나타내어 자연수와 더해요.

$3\frac{5}{6}+2\frac{4}{9}$ **의 계산**

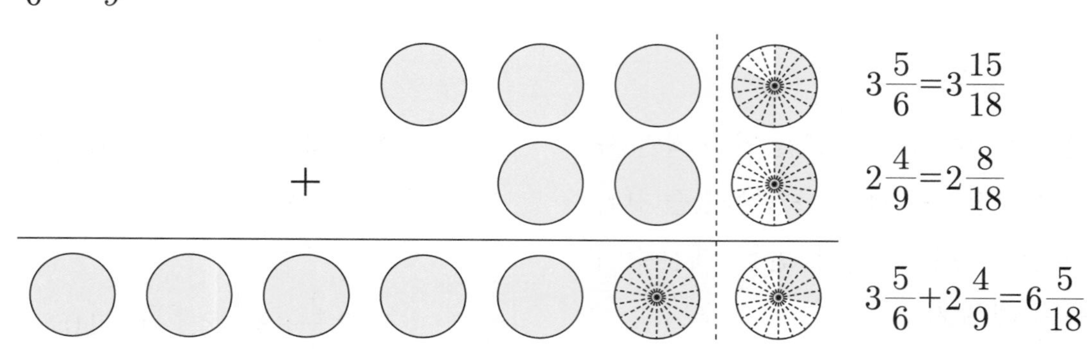

$3\frac{5}{6}=3\frac{15}{18}$

$2\frac{4}{9}=2\frac{8}{18}$

$3\frac{5}{6}+2\frac{4}{9}=6\frac{5}{18}$

① 자연수는 자연수끼리 분수는 분수끼리 계산하기

$$3\frac{5}{6}+2\frac{4}{9}=3\frac{15}{18}+2\frac{8}{18}=(3+2)+\left(\frac{15}{18}+\frac{8}{18}\right)=5+\frac{23}{18}=5+1\frac{5}{18}=6\frac{5}{18}$$

② 가분수로 나타내어 계산하기

$$3\frac{5}{6}+2\frac{4}{9}=\frac{23}{6}+\frac{22}{9}=\frac{23\times3}{6\times3}+\frac{22\times2}{9\times2}=\frac{69}{18}+\frac{44}{18}=\frac{113}{18}=6\frac{5}{18}$$

$113 \div 18 = 6$ … 5 ($18 \times 6 = 108$, $113-108=5$)

 $\square$ 안에 알맞은 수를 써넣으세요.

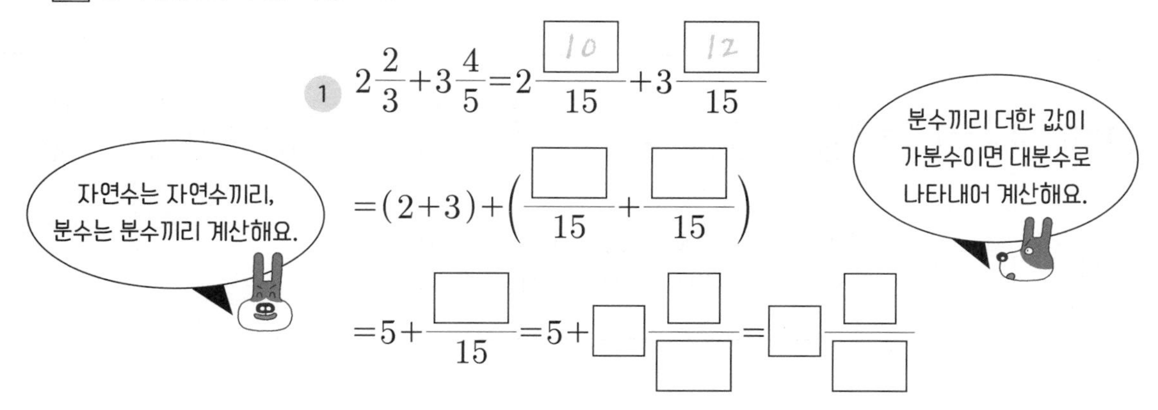
자연수는 자연수끼리,
분수는 분수끼리 계산해요.
분수끼리 더한 값이
가분수이면 대분수로
나타내어 계산해요.

1 $2\frac{2}{3}+3\frac{4}{5}=2\frac{10}{15}+3\frac{12}{15}$

$=(2+3)+\left(\frac{\square}{15}+\frac{\square}{15}\right)$

$=5+\frac{\square}{15}=5+\square\frac{\square}{\square}=\square\frac{\square}{\square}$

2 $2\frac{7}{10}+2\frac{3}{4}=2\frac{\square}{20}+2\frac{\square}{20}=(2+2)+\left(\frac{\square}{20}+\frac{\square}{20}\right)=4+\frac{\square}{20}$

$=4+\square\frac{\square}{20}=\square\frac{\square}{\square}$

3 $2\frac{5}{9}+3\frac{8}{15}=2\frac{\square}{45}+3\frac{\square}{45}=(2+3)+\left(\frac{\square}{45}+\frac{\square}{45}\right)=5+\frac{\square}{45}$

$=5+\square\frac{\square}{45}=\square\frac{\square}{\square}$

4 $3\frac{5}{6}+1\frac{7}{9}=\frac{\square}{6}+\frac{\square}{9}=\frac{\square}{18}+\frac{\square}{18}=\frac{\square}{18}=\square\frac{\square}{\square}$

5 $4\frac{8}{15}+2\frac{11}{25}=\frac{\square}{15}+\frac{\square}{25}=\frac{\square}{75}+\frac{\square}{75}=\frac{\square}{75}=\square\frac{\square}{\square}$

보기 와 같이 두 가지 방법으로 계산해 보세요.

보기

방법1 $2\frac{4}{5}+1\frac{5}{6}=2\frac{24}{30}+1\frac{25}{30}=(2+1)+\left(\frac{24}{30}+\frac{25}{30}\right)=3+\frac{49}{30}=3+1\frac{19}{30}=4\frac{19}{30}$

방법2 $2\frac{4}{5}+1\frac{5}{6}=\frac{14}{5}+\frac{11}{6}=\frac{84}{30}+\frac{55}{30}=\frac{139}{30}=4\frac{19}{30}$

1 방법1 $1\frac{5}{16}+2\frac{3}{4}=$

방법2 $1\frac{5}{16}+2\frac{3}{4}=$

2 방법1 $4\frac{7}{9}+1\frac{8}{21}=$

방법2 $4\frac{7}{9}+1\frac{8}{21}=$

3 방법1 $3\frac{5}{8}+2\frac{9}{10}=$

방법2 $3\frac{5}{8}+2\frac{9}{10}=$

4 방법1 $2\frac{8}{15}+3\frac{7}{12}=$

방법2 $2\frac{8}{15}+3\frac{7}{12}=$

두 분수의 합을 구해 보세요.

1 $\left(2\frac{1}{2}, 1\frac{2}{3}\right)$

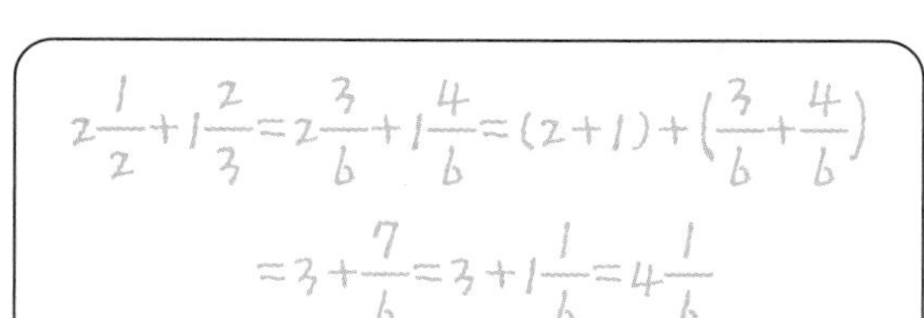

$2\frac{1}{2}+1\frac{2}{3}=2\frac{3}{6}+1\frac{4}{6}=(2+1)+\left(\frac{3}{6}+\frac{4}{6}\right)$
$=3+\frac{7}{6}=3+1\frac{1}{6}=4\frac{1}{6}$

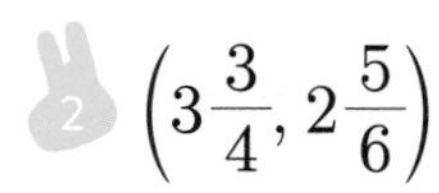
2 $\left(3\frac{3}{4}, 2\frac{5}{6}\right)$

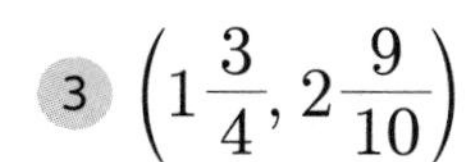
3 $\left(1\frac{3}{4}, 2\frac{9}{10}\right)$

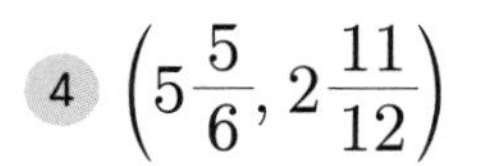
4 $\left(5\frac{5}{6}, 2\frac{11}{12}\right)$

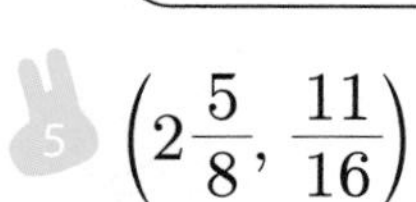
5 $\left(2\frac{5}{8}, \frac{11}{16}\right)$

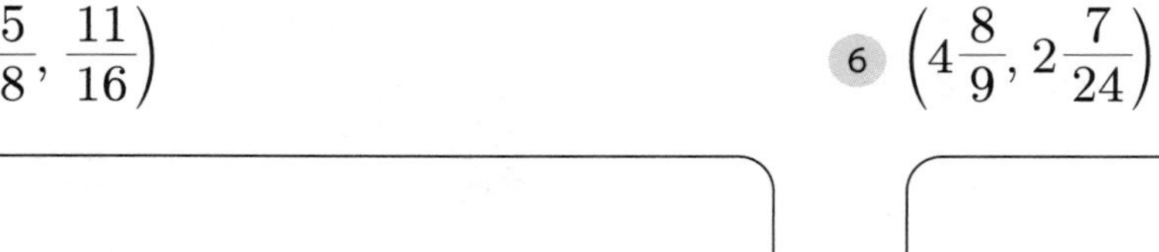
6 $\left(4\frac{8}{9}, 2\frac{7}{24}\right)$

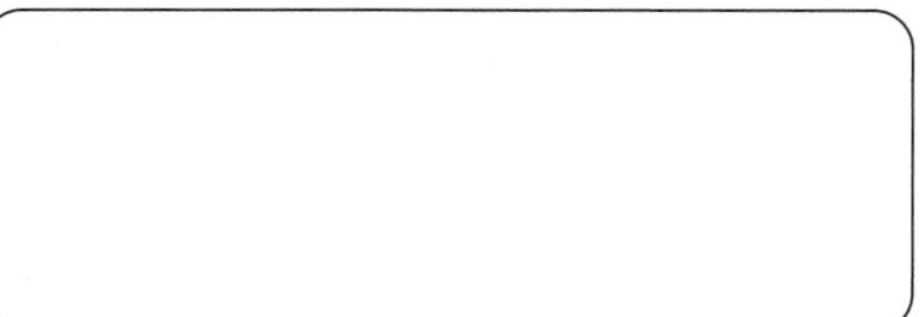

7 $\left(4\frac{8}{15}, 3\frac{13}{20}\right)$

8 $\left(6\frac{13}{21}, 2\frac{17}{28}\right)$

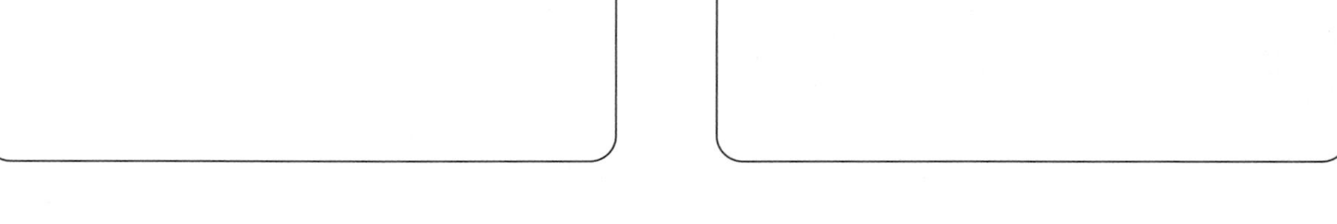

9 $\left(3\frac{15}{24}, 1\frac{19}{32}\right)$

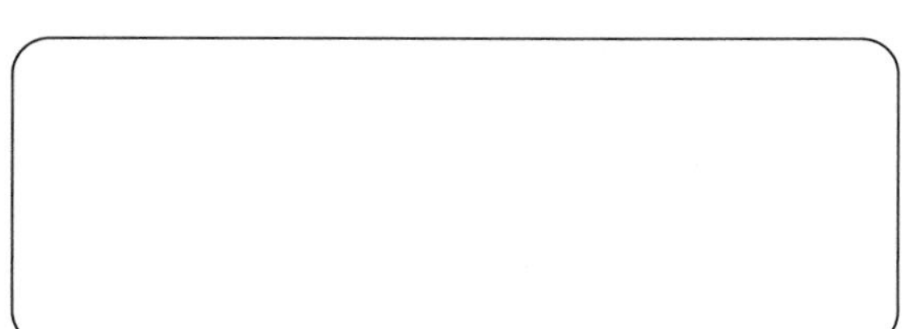

10 $\left(3\frac{17}{26}, 2\frac{22}{39}\right)$

문제를 해결해 보세요.

1 색종이를 민준이는 $4\frac{3}{4}$장, 동윤이는 $5\frac{5}{6}$장 사용하여 만들기를 하였습니다. 민준이와 동윤이가 사용한 색종이는 모두 몇 장인가요?

식__________ 답__________장

2 민성, 동윤, 지유가 종이비행기를 날렸습니다.
민성이는 종이비행기를 $3\frac{2}{3}$ m 날렸고,
동윤이는 민성이보다 $2\frac{4}{5}$ m 더 멀리 날렸으며,
지유는 동윤이보다 $1\frac{3}{10}$ m 더 멀리 날렸습니다.
물음에 답하세요.

(1) 동윤이의 종이비행기는 몇 m를 날아갔나요?

식__________ 답__________ m

(2) 지유의 종이비행기는 몇 m를 날아갔나요?

식__________ 답__________ m

개념 다시보기

계산해 보세요.

1 $3\frac{3}{4}+2\frac{5}{8}=3\frac{\square}{8}+2\frac{5}{8}=(3+2)+\left(\frac{\square}{8}+\frac{5}{8}\right)=5+\frac{\square}{8}=5+\square\frac{\square}{\square}=\square\frac{\square}{\square}$

2 $3\frac{7}{9}+4\frac{8}{15}=\frac{\square}{9}+\frac{\square}{15}=\frac{\square}{45}+\frac{\square}{45}=\frac{\square}{45}=\square\frac{\square}{\square}$

3 $2\frac{5}{6}+4\frac{5}{7}=$

4 $5\frac{2}{3}+2\frac{4}{5}=$

5 $2\frac{9}{14}+1\frac{13}{21}=$

6 $1\frac{17}{24}+4\frac{23}{32}=$

도전해 보세요

1 개구리가 첫 번째에는 $5\frac{7}{10}$ cm를 뛰고, 두 번째에는 $4\frac{5}{12}$ cm, 세 번째에는 $9\frac{4}{5}$ cm를 뛰었습니다. 개구리가 뛴 거리는 모두 몇 cm 인가요?

( ) cm

2 □ 안에 들어갈 수 있는 자연수를 모두 구해 보세요.

$$4\frac{\square}{21}<2\frac{2}{3}+1\frac{5}{7}$$

( )

18단계 분모가 다른 진분수의 뺄셈

개념연결

4-2분수의 덧셈과 뺄셈	5-1약분과 통분		5-1분수의 덧셈과 뺄셈
분모가 같은 분수의 덧셈과 뺄셈	분수의 약분과 통분	분모가 다른 진분수의 뺄셈	받아내림이 없는 대분수의 뺄셈
$\frac{6}{7}-\frac{2}{7}=\frac{4}{7}$	$\left(\frac{1}{6}, \frac{2}{9}\right) \rightarrow \left(\frac{3}{18}, \frac{4}{18}\right)$	$\frac{3}{4}-\frac{1}{3}=\frac{5}{12}$	$2\frac{2}{3}-1\frac{2}{5}=1\frac{4}{15}$

배운 것을 기억해 볼까요?

1 $\frac{11}{12}-\frac{5}{12}=$

2 $\left(\frac{6}{7}, \frac{2}{5}\right) \rightarrow \left(\frac{\square}{35}, \frac{\square}{35}\right)$

분모가 서로 다른 진분수의 뺄셈을 할 수 있어요.

30초 개념 분모가 다른 진분수의 뺄셈은 분모를 통분한 후 계산해요. 통분하는 방법은 두 분모의 곱으로 통분하는 방법과 최소공배수로 통분하는 방법이 있어요.

$\frac{3}{4}-\frac{1}{2}$의 계산

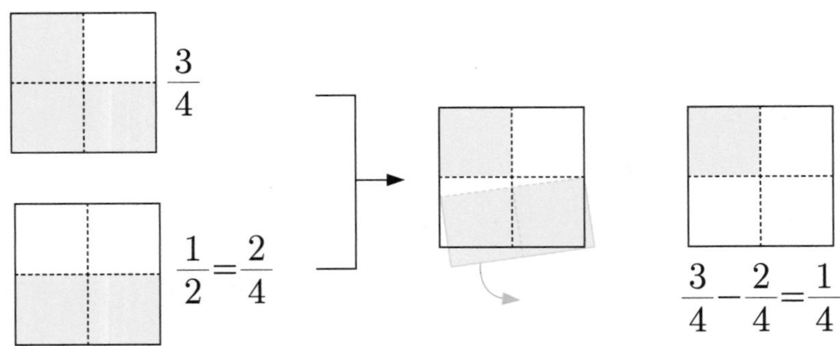

① 두 분모의 곱으로 통분하여 계산하기

$$\frac{3}{4}-\frac{1}{2}=\frac{3\times2}{4\times2}-\frac{1\times4}{2\times4}=\frac{6}{8}-\frac{4}{8}=\frac{2}{8}=\frac{1}{4}$$

② 두 분모의 최소공배수로 통분하여 계산하기

$$\frac{3}{4}-\frac{1}{2}=\frac{3}{4}-\frac{1\times2}{2\times2}=\frac{3}{4}-\frac{2}{4}=\frac{1}{4}$$

$\square$ 안에 알맞은 수를 써넣으세요.

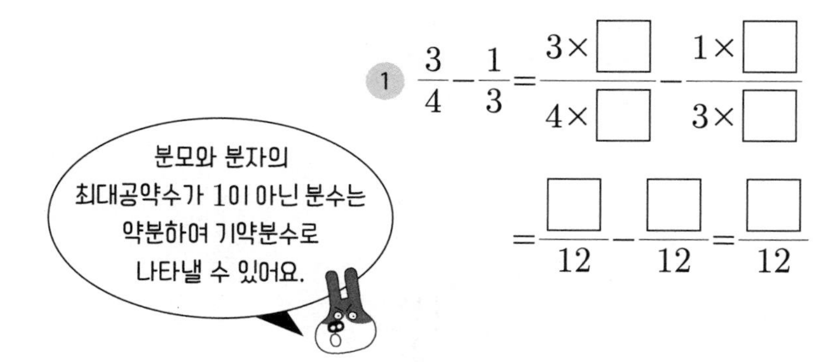

분모와 분자의
최대공약수가 1이 아닌 분수는
약분하여 기약분수로
나타낼 수 있어요.

1 $\frac{3}{4}-\frac{1}{3}=\frac{3\times\square}{4\times\square}-\frac{1\times\square}{3\times\square}$

$=\frac{\square}{12}-\frac{\square}{12}=\frac{\square}{12}$

2 $\frac{7}{12}-\frac{1}{4}=\frac{7}{12}-\frac{\square}{12}=\frac{\square}{12}=\frac{\square}{\square}$

3 $\frac{2}{3}-\frac{5}{8}=\frac{\square}{24}-\frac{\square}{24}=\frac{\square}{\square}$

4 $\frac{3}{4}-\frac{2}{5}=\frac{\square}{20}-\frac{\square}{20}=\frac{\square}{\square}$

5 $\frac{8}{9}-\frac{4}{5}=\frac{\square}{45}-\frac{\square}{45}=\frac{\square}{\square}$

6 $\frac{13}{15}-\frac{7}{18}=\frac{\square}{90}-\frac{\square}{90}=\frac{\square}{\square}$

7 $\frac{9}{14}-\frac{2}{21}=\frac{\square}{42}-\frac{\square}{42}=\frac{\square}{\square}$

8 $\frac{11}{12}-\frac{5}{36}=\frac{\square}{36}-\frac{5}{36}=\frac{\square}{36}=\frac{\square}{\square}$

9 $\frac{14}{15}-\frac{1}{10}=\frac{\square}{30}-\frac{\square}{30}=\frac{\square}{30}=\frac{\square}{\square}$

 계산해 보세요.

1 $\frac{2}{3}-\frac{1}{2}=$

2 $\frac{4}{5}-\frac{3}{10}=$

3 $\frac{5}{6}-\frac{3}{4}=$

4 $\frac{11}{12}-\frac{7}{12}=$

5 $\frac{9}{11}-\frac{1}{22}=$

6 $\frac{7}{8}+\frac{3}{20}=$

7 $\frac{15}{16}-\frac{7}{12}=$

8 $\frac{13}{15}-\frac{5}{6}=$

9 $\frac{4}{9}+\frac{5}{6}=$

10 $\frac{6}{13}-\frac{8}{39}=$

11 $\frac{7}{20}-\frac{4}{15}=$

12 $\frac{10}{21}-\frac{3}{28}=$

 두 분수의 차를 구해 보세요.

1 $\left(\frac{2}{3}, \frac{2}{5}\right)$

$\frac{2}{3}-\frac{2}{5}=\frac{2\times5}{3\times5}-\frac{2\times3}{5\times3}$

$=\frac{10}{15}-\frac{6}{15}=\frac{4}{15}$

2 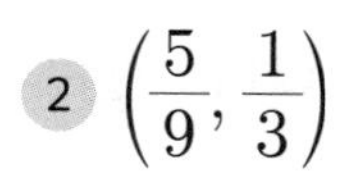 $\left(\frac{5}{9}, \frac{1}{3}\right)$

3 $\left(\frac{4}{7}, \frac{2}{9}\right)$

4 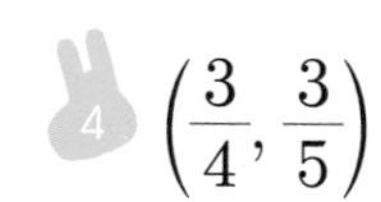 $\left(\frac{3}{4}, \frac{3}{5}\right)$

5 $\left(\frac{1}{6}, \frac{3}{8}\right)$

6 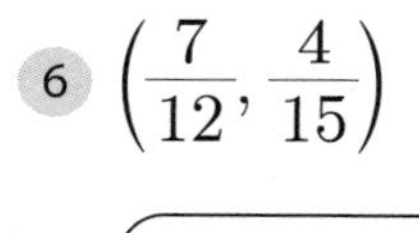 $\left(\frac{7}{12}, \frac{4}{15}\right)$

7 $\left(\frac{10}{21}, \frac{5}{14}\right)$

8 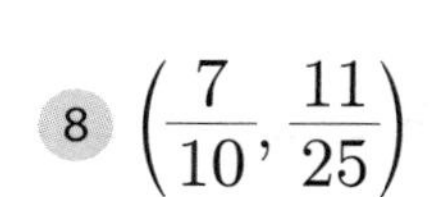 $\left(\frac{7}{10}, \frac{11}{25}\right)$

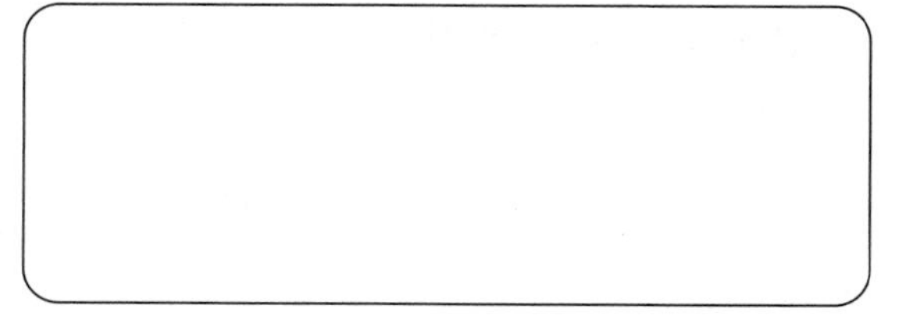

9 $\left(\frac{4}{9}, \frac{11}{30}\right)$

10 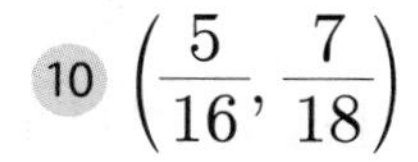 $\left(\frac{5}{16}, \frac{7}{18}\right)$

문제를 해결해 보세요.

1 냉장고에 우유가 $\frac{7}{9}$컵 있었습니다. 요리를 하는 데 얼마를 사용하였더니 $\frac{1}{6}$컵이 남았으면 요리를 하는 데 사용한 우유는 몇 컵인가요?

식 ______________ 답 ______________컵

2 지호는 집에서 서준이네 집에 갈 때 마트를 거쳐가거나 학교를 거쳐갑니다. 그림을 보고 물음에 답하세요.

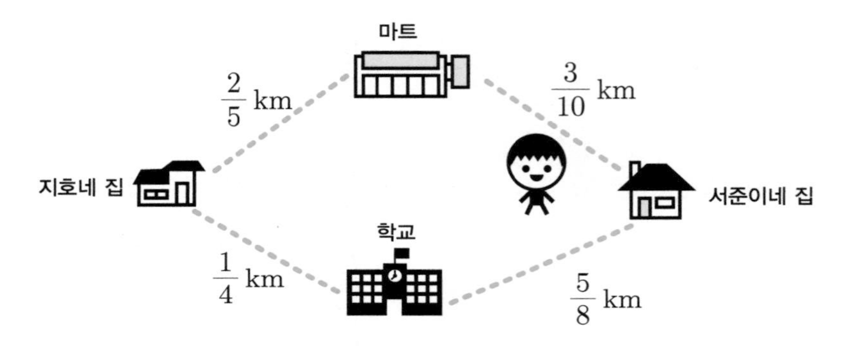

(1) 지호네 집에서 마트를 거쳐 서준이네 집까지 가는 거리는 몇 km인가요?

식 ______________ 답 ______________ km

(2) 지호네 집에서 학교를 거쳐 서준이네 집까지 가는 거리는 몇 km인가요?

식 ______________ 답 ______________ km

(3) 지호가 집에서 서준이네 집에 갈 때 마트를 거쳐가는 길과 학교를 거쳐가는 길 중 어느 길로 가는 것이 몇 km 더 가까운지 구해 보세요.

( )를 거쳐가는 길이 ( ) km 더 가깝습니다.

개념 다시보기

계산해 보세요.

1 $\frac{4}{5}-\frac{2}{3}=\frac{\square}{15}-\frac{\square}{15}=\frac{\square}{\square}$

2 $\frac{5}{6}-\frac{1}{4}=\frac{\square}{12}-\frac{\square}{12}=\frac{\square}{\square}$

3 $\frac{9}{10}-\frac{2}{5}=\frac{9}{10}-\frac{\square}{10}=\frac{\square}{10}=\frac{\square}{\square}$

4 $\frac{5}{14}-\frac{2}{21}=\frac{\square}{42}-\frac{\square}{42}=\frac{\square}{\square}$

5 $\frac{7}{8}-\frac{2}{9}=$

6 $\frac{11}{15}-\frac{4}{9}=$

7 $\frac{13}{20}-\frac{5}{8}=$

8 $\frac{7}{12}-\frac{15}{32}=$

도전해 보세요

1 수첩 ㉮, ㉯, ㉰의 무게가 다음과 같을 때, 수첩 ㉱의 무게는 몇 kg인지 구해 보세요.

수첩	㉮	㉯	㉰	㉱
무게 (kg)	$\frac{4}{6}$	$\frac{7}{9}$	$\frac{3}{5}$	

㉮㉱ ▲ ㉯㉰

( ) kg

2 ★에 알맞은 수를 구해 보세요.

$●+\frac{4}{9}=\frac{5}{6}$, $★-●=\frac{3}{18}$

( )

19단계 받아내림이 없는 대분수의 뺄셈

개념연결

4-2분수의 덧셈과 뺄셈	5-1분수의 덧셈과 뺄셈		5-1분수의 덧셈과 뺄셈
분모가 같은 분수의 덧셈과 뺄셈	분모가 다른 진분수의 뺄셈	받아내림이 없는 대분수의 뺄셈	받아내림이 있는 대분수의 뺄셈
$\frac{6}{7}-\frac{2}{7}=\frac{\boxed{4}}{\boxed{7}}$	$\frac{3}{4}-\frac{1}{3}=\frac{\boxed{5}}{\boxed{12}}$	$2\frac{4}{5}-1\frac{1}{2}=\boxed{1}\frac{\boxed{3}}{\boxed{10}}$	$2\frac{1}{4}-\frac{7}{10}=\boxed{1}\frac{\boxed{11}}{\boxed{20}}$

배운 것을 기억해 볼까요?

1 $\frac{4}{5}-\frac{2}{5}=$

2 $\frac{11}{12}-\frac{3}{4}=$

받아내림이 없는 대분수의 뺄셈을 할 수 있어요.

30초 개념

대분수의 뺄셈은 자연수는 자연수끼리, 분수는 분수끼리 빼요.
대분수를 가분수로 고쳐서 계산할 수 있어요.

$1\frac{4}{5}-1\frac{1}{2}$의 계산

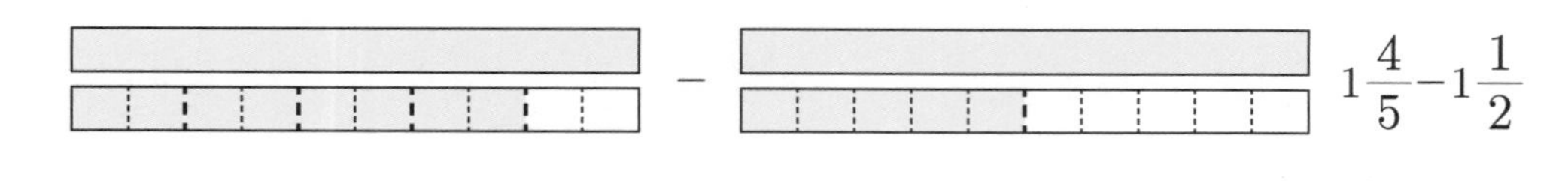

$1\frac{4}{5}-1\frac{1}{2}$

$1\frac{4}{5}-1\frac{1}{2}=1\frac{8}{10}-1\frac{5}{10}=\frac{3}{10}$

① 자연수는 자연수끼리 분수는 분수끼리 통분하여 계산하기

$$1\frac{4}{5}-1\frac{1}{2}=1\frac{8}{10}-1\frac{5}{10}=(1-1)+\left(\frac{8}{10}-\frac{5}{10}\right)=\frac{3}{10}$$

② 가분수로 나타내어 계산하기

$$1\frac{4}{5}-1\frac{1}{2}=\frac{9}{5}-\frac{3}{2}=\frac{9\times2}{5\times2}-\frac{3\times5}{2\times5}=\frac{18}{10}-\frac{15}{10}=\frac{3}{10}$$

$\square$ 안에 알맞은 수를 써넣으세요.

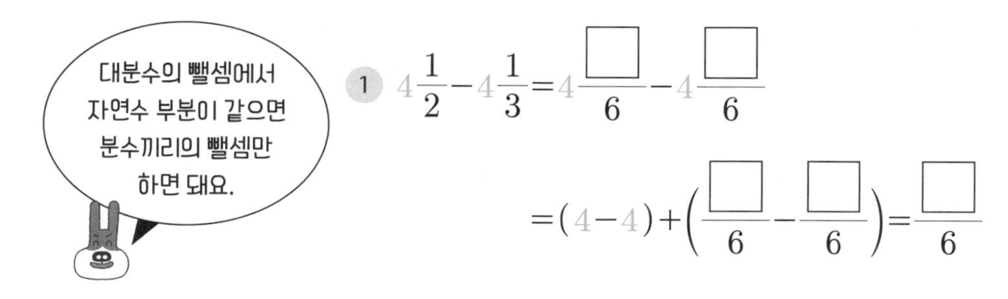

대분수의 뺄셈에서
자연수 부분이 같으면
분수끼리의 뺄셈만
하면 돼요.

1 $4\frac{1}{2}-4\frac{1}{3}=4\frac{\square}{6}-4\frac{\square}{6}$

$=(4-4)+\left(\frac{\square}{6}-\frac{\square}{6}\right)=\frac{\square}{6}$

2 $2\frac{2}{3}-1\frac{1}{5}=2\frac{\square}{15}-1\frac{\square}{15}=(2-1)+\left(\frac{\square}{15}-\frac{\square}{15}\right)=1+\frac{\square}{15}=\square\frac{\square}{\square}$

3 $4\frac{3}{8}-2\frac{1}{6}=4\frac{\square}{24}-2\frac{\square}{24}=(4-2)+\left(\frac{\square}{24}-\frac{\square}{24}\right)=2+\frac{\square}{24}=\square\frac{\square}{\square}$

4 $2\frac{5}{7}-1\frac{3}{14}=\frac{\square}{7}-\frac{\square}{14}=\frac{\square}{14}-\frac{\square}{14}=\frac{\square}{14}=\square\frac{\square}{\square}=\square\frac{\square}{\square}$

5 $3\frac{5}{6}-2\frac{3}{4}=\frac{\square}{6}-\frac{\square}{4}=\frac{\square}{12}-\frac{\square}{12}=\frac{\square}{12}=\square\frac{\square}{\square}$

대분수의 뺄셈에서 자연수가 클 경우 가분수로 나타내어 계산하는 방법보다 자연수는 자연수끼리, 분수는 분수끼리 계산하는 방법이 더 간편해요.

방법1 $9\frac{9}{12}-7\frac{2}{9}=\frac{9\times12+9}{12}-\frac{7\times9+2}{9}=\frac{117}{12}-\frac{65}{9}=\frac{351}{36}-\frac{260}{36}=\frac{91}{36}=2\frac{19}{36}$

방법2 $9\frac{9}{12}-7\frac{2}{9}=9\frac{27}{36}-7\frac{8}{36}=(9-7)+\left(\frac{27}{36}-\frac{8}{36}\right)=2\frac{19}{36}$

개념 다지기

계산해 보세요.

1. $2\frac{1}{2}-1\frac{1}{5}=$

2. $4\frac{2}{3}-2\frac{1}{4}=$

3. $3\frac{2}{3}-1\frac{2}{5}=$

4. $5\frac{1}{4}-2\frac{1}{6}=$

5. $2\frac{4}{9}+2\frac{5}{18}=$

6. $4\frac{9}{10}-1\frac{2}{15}=$

7. $2\frac{5}{6}-1\frac{4}{21}=$

8. $3\frac{7}{18}-2\frac{1}{24}=$

9. $6\frac{7}{8}-3\frac{3}{20}=$

10. $5\frac{11}{13}+4\frac{5}{52}=$

11. $3\frac{13}{24}-1\frac{7}{32}=$

12. $7\frac{15}{26}-4\frac{14}{39}=$

두 분수의 차를 구해 보세요.

1 $\left(1\frac{2}{3}, 1\frac{1}{2}\right)$

$1\frac{2}{3}-1\frac{1}{2}=1\frac{4}{6}-1\frac{3}{6}$

$=(1-1)+\left(\frac{4}{6}-\frac{3}{6}\right)=\frac{1}{6}$

2 $\left(2\frac{3}{4}, 1\frac{3}{5}\right)$

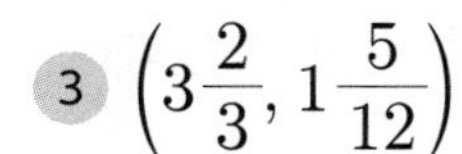

3 $\left(3\frac{2}{3}, 1\frac{5}{12}\right)$

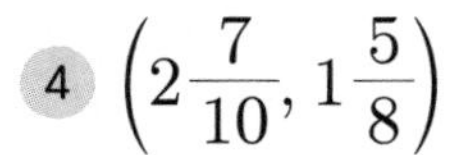

4 $\left(2\frac{7}{10}, 1\frac{5}{8}\right)$

5 $\left(3\frac{5}{7}, 2\frac{1}{6}\right)$

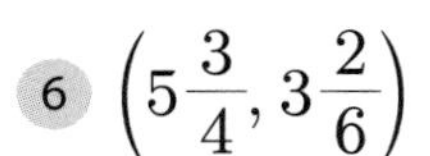

6 $\left(5\frac{3}{4}, 3\frac{2}{6}\right)$

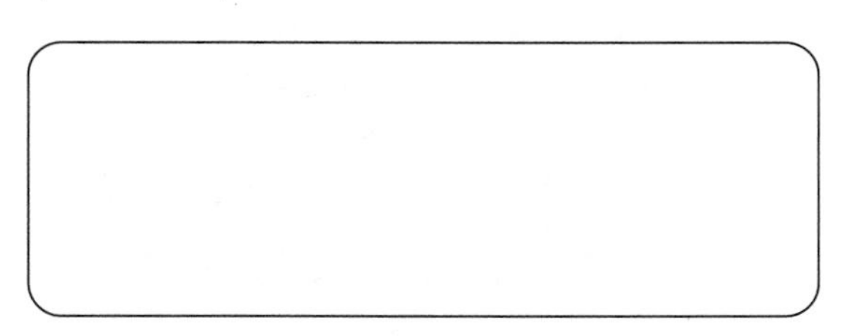

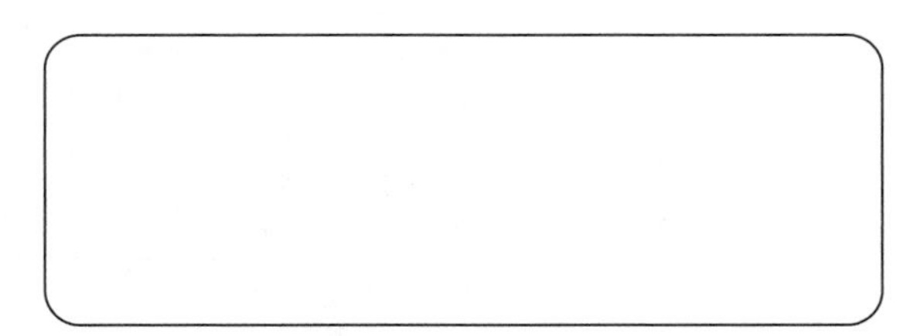

7 $\left(6\frac{7}{18}, 3\frac{4}{45}\right)$

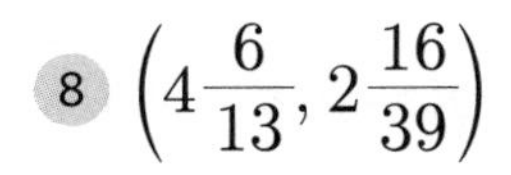

8 $\left(4\frac{6}{13}, 2\frac{16}{39}\right)$

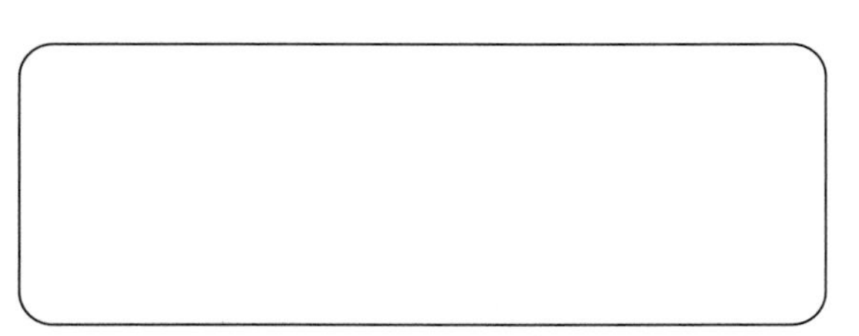

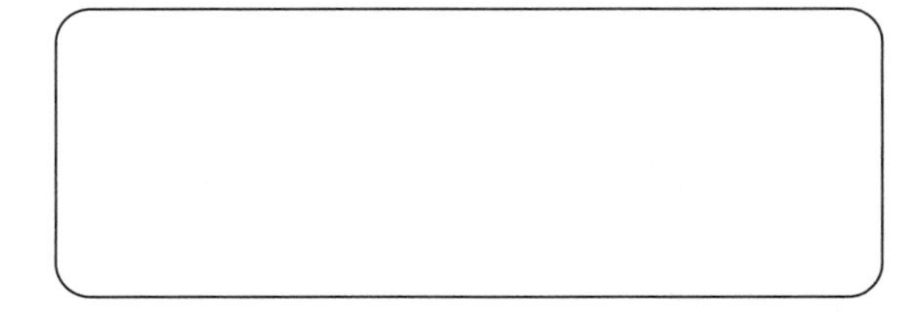

9 $\left(2\frac{9}{14}, 1\frac{3}{35}\right)$

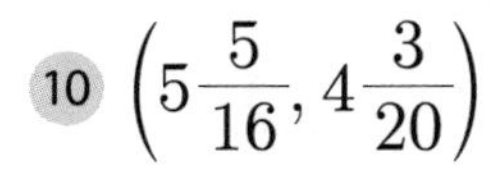

10 $\left(5\frac{5}{16}, 4\frac{3}{20}\right)$

문제를 해결해 보세요.

1 리본으로 상자를 포장하는 데 수민이는 $3\frac{7}{8}$ m, 세연이는 $2\frac{3}{10}$ m를 사용했습니다. 누가 리본을 얼마나 더 많이 사용했나요?

(　　　　　　　　)이가 (　　　　　　　　) m 더 많이 사용했습니다.

2 그림을 보고 물음에 답하세요.

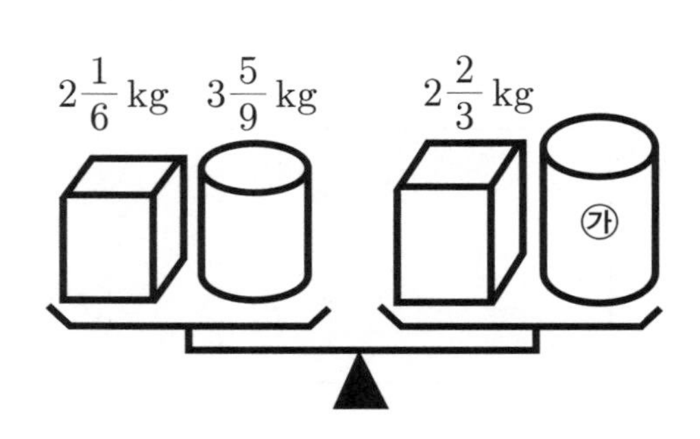

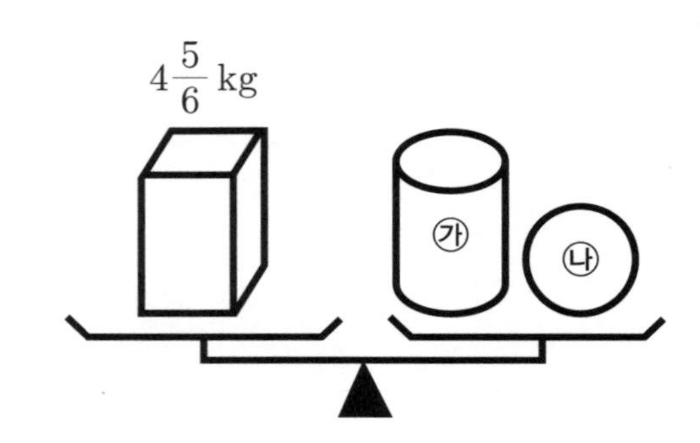

(1) ㉮의 무게는 몇 kg인가요?

(　　　　　　　　) kg

(2) ㉯의 무게는 몇 kg인가요?

(　　　　　　　　) kg

계산해 보세요.

1 $6\frac{1}{2}-2\frac{2}{5}=6\frac{\square}{10}-2\frac{\square}{10}=(6-2)+\left(\frac{\square}{10}-\frac{\square}{10}\right)=4+\frac{\square}{10}=\square\frac{\square}{\square}$

2 $2\frac{7}{9}-1\frac{2}{3}=\frac{\square}{9}-\frac{\square}{3}=\frac{\square}{9}-\frac{\square}{9}=\frac{\square}{\square}=\square\frac{\square}{\square}$

3 $5\frac{5}{8}-4\frac{1}{6}=$

4 $3\frac{9}{14}-2\frac{2}{21}=$

5 $6\frac{7}{18}-3\frac{7}{30}=$

6 $5\frac{11}{21}-1\frac{9}{28}=$

도전해 보세요

1 지민이와 민수가 가진 종이테이프를 겹치게 이어 붙였습니다. 겹친 부분의 길이를 구해 보세요.

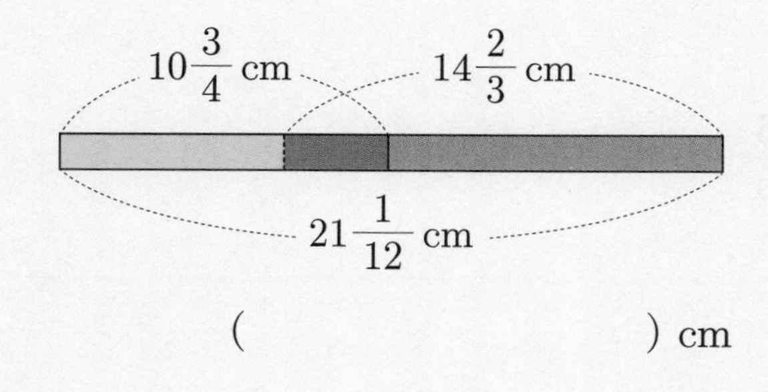

( ) cm

2 빈 곳에 알맞은 수를 써넣으세요.

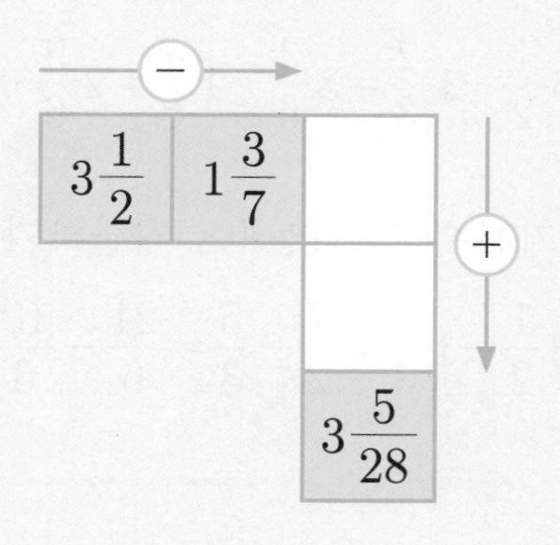

20단계 받아내림이 있는 대분수의 뺄셈

개념연결

4-2분수의 덧셈과 뺄셈	4-2분수의 덧셈과 뺄셈	5-1분수의 덧셈과 뺄셈	
분모가 같은 분수의 뺄셈	분모가 다른 진분수의 뺄셈	받아내림이 없는 대분수의 뺄셈	받아내림이 있는 대분수의 뺄셈
$\frac{6}{7}-\frac{2}{7}=\frac{4}{7}$	$\frac{3}{4}-\frac{1}{3}=\frac{5}{12}$	$1\frac{4}{5}-1\frac{1}{2}=\frac{3}{10}$	$3\frac{1}{2}-1\frac{2}{3}=1\frac{5}{6}$

배운 것을 기억해 볼까요?

1 $\frac{7}{8}-\frac{3}{8}=$

2 $\frac{6}{7}-\frac{1}{3}=$

3 $2\frac{4}{5}-1\frac{1}{2}=$

받아내림이 있는 대분수의 뺄셈을 할 수 있어요.

30초 개념

대분수의 뺄셈에서 분수 부분끼리 뺄셈을 할 수 없으면
자연수의 1과 크기가 같은 분수를 만들어 받아내림해요.

$3\frac{1}{2}-1\frac{2}{3}$의 계산

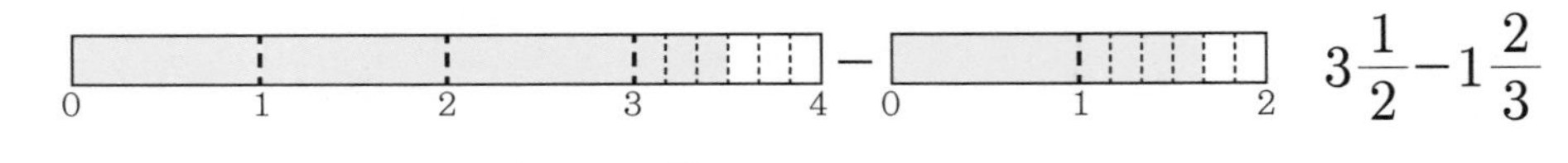

$3\frac{1}{2}-1\frac{2}{3}$

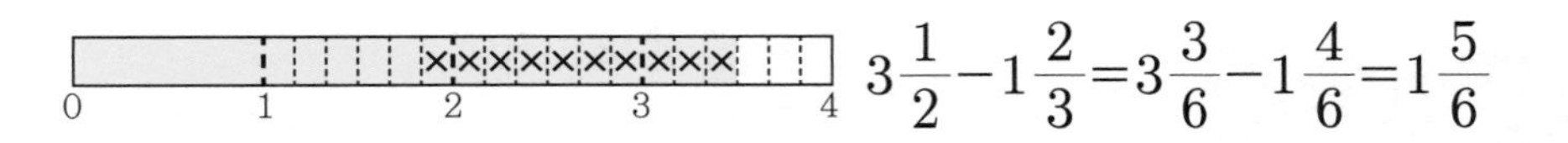

$3\frac{1}{2}-1\frac{2}{3}=3\frac{3}{6}-1\frac{4}{6}=1\frac{5}{6}$

① 자연수는 자연수끼리 분수는 분수끼리 통분하여 뺄셈하기

$$3\frac{1}{2}-1\frac{2}{3}=3\frac{3}{6}-1\frac{4}{6}=2\frac{9}{6}-1\frac{4}{6}=(2-1)+\left(\frac{9}{6}-\frac{4}{6}\right)=1+\frac{5}{6}=1\frac{5}{6}$$

② 가분수로 나타내어 계산하기

$$3\frac{1}{2}-1\frac{2}{3}=\frac{7}{2}-\frac{5}{3}=\frac{21}{6}-\frac{10}{6}=\frac{11}{6}=1\frac{5}{6}$$

 $\square$ 안에 알맞은 수를 써넣으세요.

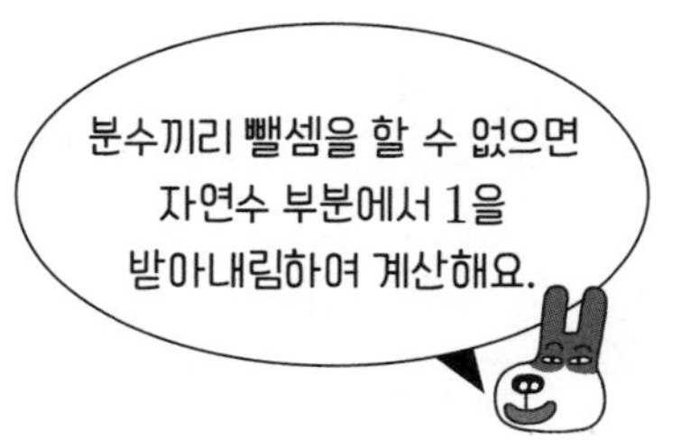

분수끼리 뺄셈을 할 수 없으면
자연수 부분에서 1을
받아내림하여 계산해요.

1. $2\frac{1}{3}-1\frac{4}{5}=2\frac{\square}{15}-1\frac{\square}{15}=1\frac{\square}{15}-1\frac{\square}{15}$

   $=(1-1)+\left(\frac{\square}{15}-\frac{\square}{15}\right)=\frac{\square}{15}$

2. $5\frac{1}{5}-1\frac{4}{7}=5\frac{\square}{35}-1\frac{\square}{35}=4\frac{\square}{35}-1\frac{\square}{35}=(4-1)+\left(\frac{\square}{35}-\frac{\square}{35}\right)$

   $=\square\frac{\square}{\square}$

3. $6\frac{7}{15}-3\frac{3}{5}=6\frac{7}{15}-3\frac{\square}{15}=5\frac{\square}{15}-3\frac{\square}{15}=(5-3)+\left(\frac{\square}{15}-\frac{\square}{15}\right)=\square\frac{\square}{\square}$

4. $4\frac{1}{5}-2\frac{3}{4}=\frac{\square}{5}-\frac{\square}{4}=\frac{\square}{20}-\frac{\square}{20}=\frac{\square}{20}=\square\frac{\square}{\square}$

5. $9\frac{3}{8}-5\frac{2}{3}=\frac{\square}{8}-\frac{\square}{3}=\frac{\square}{24}-\frac{\square}{24}=\frac{\square}{24}=\square\frac{\square}{\square}$

자연수끼리 뺀 값이 0일 때, 자연수 부분에 0을 쓰지 않아요.

$3\frac{1}{4}-2\frac{2}{3}=2\frac{5}{4}-2\frac{2}{3}=(2-2)+\left(\frac{15}{12}-\frac{8}{12}\right)=0+\frac{7}{12}=0\frac{7}{12}$

(0 → 쓰지 않아요.)

개념 다지기

계산해 보세요.

1 $3\frac{1}{2}-1\frac{5}{9}=$

2 $2\frac{1}{6}-1\frac{11}{18}=$

3 $4\frac{2}{3}-2\frac{7}{8}=$

4 $5\frac{1}{4}-3\frac{9}{10}=$

5 $3\frac{2}{15}+2\frac{7}{15}=$

6 $6\frac{3}{8}-3\frac{19}{24}=$

7 $4\frac{1}{10}-1\frac{17}{25}=$

8 $7\frac{5}{12}-4\frac{13}{16}=$

9 $6\frac{3}{8}-2\frac{7}{18}=$

10 $3\frac{9}{11}+1\frac{5}{33}=$

11 $5\frac{7}{20}-3\frac{11}{15}=$

12 $7\frac{3}{14}-4\frac{8}{35}=$

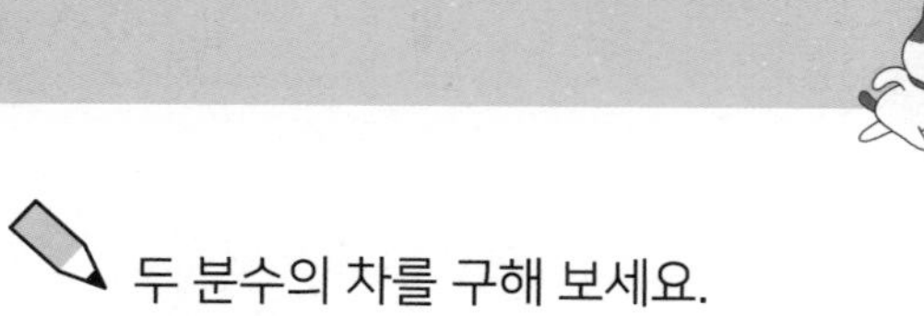

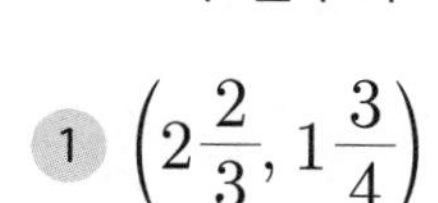

두 분수의 차를 구해 보세요.

① $\left(2\frac{2}{3}, 1\frac{3}{4}\right)$

$2\frac{2}{3}-1\frac{3}{4}=2\frac{8}{12}-1\frac{9}{12}=1\frac{20}{12}-1\frac{9}{12}$

$=(1-1)+\left(\frac{20}{12}-\frac{9}{12}\right)=\frac{11}{12}$

② $\left(4\frac{1}{2}, 2\frac{5}{8}\right)$

③ $\left(5\frac{1}{4}, 2\frac{3}{10}\right)$

④ $\left(1\frac{3}{8}, 2\frac{1}{6}\right)$

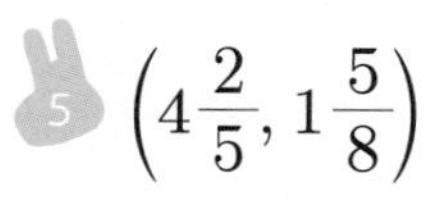

⑤ $\left(4\frac{2}{5}, 1\frac{5}{8}\right)$

⑥ $\left(5\frac{3}{7}, 1\frac{12}{21}\right)$

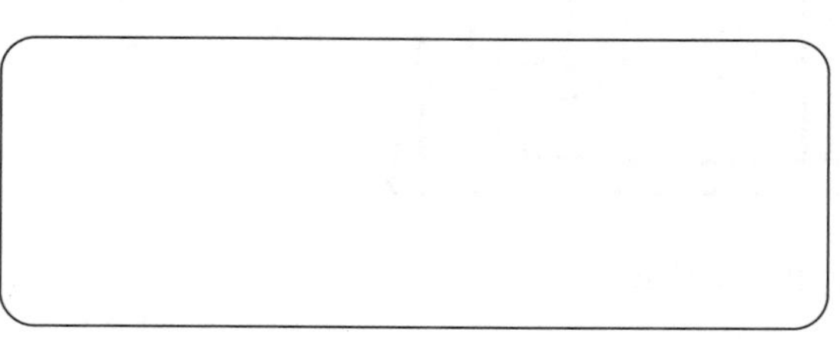

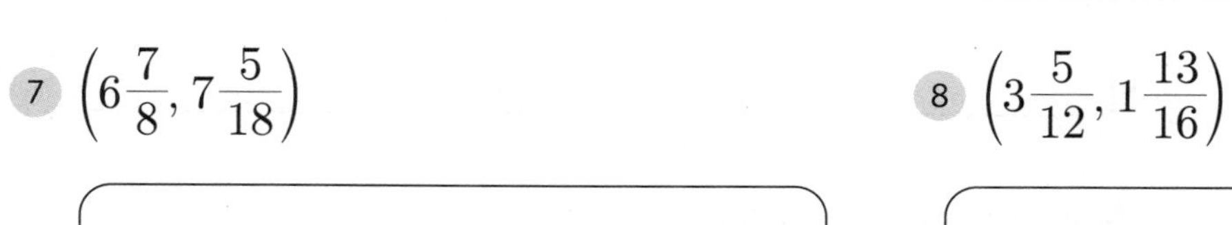

⑦ $\left(6\frac{7}{8}, 7\frac{5}{18}\right)$

⑧ $\left(3\frac{5}{12}, 1\frac{13}{16}\right)$

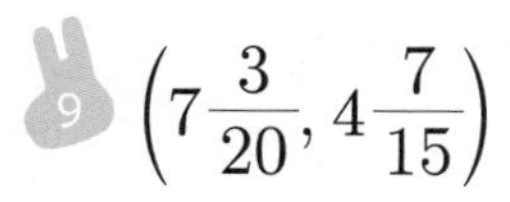

⑨ $\left(7\frac{3}{20}, 4\frac{7}{15}\right)$

⑩ $\left(9\frac{15}{22}, 1\frac{25}{33}\right)$

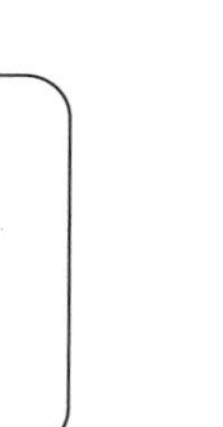

문제를 해결해 보세요.

1 들이가 $15\frac{2}{9}$ L인 어항에 물이 $11\frac{5}{7}$ L 들어 있습니다.
이 어항에 물을 가득 채우려면 물을 몇 L 더 넣어야 하나요?

식____________ 답____________ L

2 지우는 엄마와 함께 바자회에서 나눠 먹을 잡곡빵을 만들었습니다.
잡곡빵을 만들고 남은 밀가루는 $2\frac{2}{5}$ kg, 호밀가루는 $1\frac{11}{18}$ kg 입니다.
그림을 보고 물음에 답하세요.

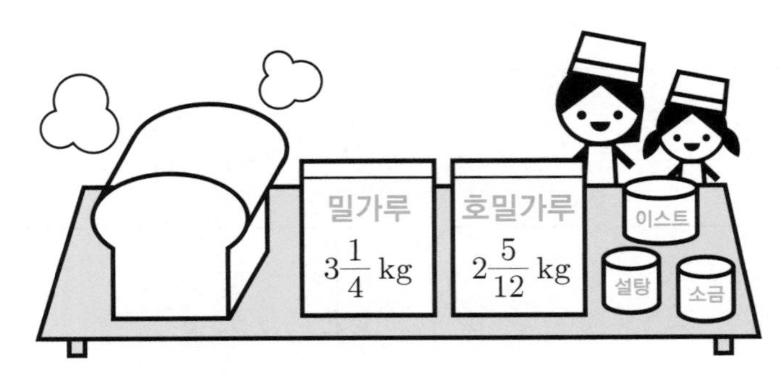

(1) 잡곡빵을 만드는 데 사용한 밀가루는 몇 kg인가요?

식____________ 답____________ kg

(2) 잡곡빵을 만드는 데 사용한 호밀가루는 몇 kg인가요?

식____________ 답____________ kg

(3) 잡곡빵을 만드는 데 밀가루와 호밀가루 중 어느 것을 몇 kg 더 사용했는지 구해 보세요.

( )를 ( ) kg **더 사용했습니다.**

개념 다시보기

계산해 보세요.

1 $7\frac{1}{2}-5\frac{2}{3}=7\frac{\square}{6}-5\frac{\square}{6}=6\frac{\square}{6}-5\frac{\square}{6}=(6-5)+\left(\frac{\square}{6}-\frac{\square}{6}\right)=\square\frac{\square}{\square}$

2 $3\frac{1}{4}-1\frac{9}{16}=\frac{\square}{4}-\frac{\square}{16}=\frac{\square}{16}-\frac{\square}{16}=\frac{\square}{16}=\square\frac{\square}{\square}$

3 $5\frac{3}{8}-2\frac{6}{7}=$

4 $3\frac{2}{15}-2\frac{5}{6}=$

5 $6\frac{2}{9}-4\frac{7}{12}=$

6 $9\frac{5}{14}-3\frac{19}{21}=$

도전해 보세요

1 어떤 수에서 $3\frac{2}{3}$를 빼야 할 것을 잘못하여 더했더니 $7\frac{5}{8}$가 되었습니다. 바르게 계산하면 얼마인지 답을 구해 보세요.

( )

2 □ 안에 들어갈 수 있는 자연수를 모두 구해 보세요.

$6\frac{3}{20}-1\frac{14}{15}<\square<9$

( )

1~6학년 연산 개념연결 지도

1-1
1-2
2-1
2-2
3-1
3-2
0에서 9까지의 수
99까지의 수
세 자리 수
네 자리 수
세 자리 수의 덧셈
(세 자리 수) × (한 자리 수)
0에서 9까지의 수 크기 비교
100까지 수의 크기 비교
두 자리 수의 덧셈
네 자리 수의 크기 비교
세 자리 수의 뺄셈
(두 자리 수) × (두 자리 수)
9까지의 수 가르기와 모으기
두 자리 수의 덧셈
여러 가지 방법으로 덧셈하기
2~9단 곱셈구구
똑같이 나누기
(두 자리 수) ÷ (한 자리 수)
한 자리 수의 덧셈
두 자리 수의 뺄셈
두 자리 수의 뺄셈
1단 곱셈구구와 0의 곱
곱셈과 나눗셈의 관계
(세 자리 수) ÷ (한 자리 수)
한 자리 수의 뺄셈
두 자리 수의 덧셈과 뺄셈
여러 가지 방법으로 뺄셈하기
곱셈표 만들기
(두 자리 수) × (한 자리 수)
분수만큼 계산하기
한 자리 수의 덧셈과 뺄셈
세 수의 덧셈과 뺄셈
덧셈과 뺄셈의 관계
길이의 합과 차
길이의 단위
여러 가지 분수
십몇 가르기와 모으기
10을 만들어 더하기
세 수의 덧셈과 뺄셈
시각
시간의 덧셈
들이의 덧셈과 뺄셈
50까지의 수
받아올림이 있는 덧셈
묶어 세기
시간
시간의 뺄셈
무게의 덧셈과 뺄셈
50까지의 수 크기 비교
받아내림이 있는 뺄셈
곱셈식
표에서 규칙 찾기

★ 연산 개념연결 지도는 비아북 블로그에서 다운로드받을 수 있습니다. blog.naver.com/viabook/221764401368 ★

개념 연결

연산의 발견

정답과 풀이

선생님 놀이 해설

우리 친구의 설명이
해설과 조금 달라도 괜찮아.
개념을 이해하고 설명했다면
통과!

1단계 덧셈과 뺄셈이 섞여 있는 식 계산하기

배운 것을 기억해 볼까요? 012쪽

1 (1) 73 (2) 36

2 (위에서부터) 443, 297

개념 익히기 013쪽

1 (위에서부터) 19; 25, 19
2 (위에서부터) 11; 9, 11
3 (위에서부터) 7; 17, 7
4 (위에서부터) 18; 12, 18
5 (위에서부터) 6; 25, 6
6 (위에서부터) 26; 19, 26
7 (위에서부터) 12; 40, 12
8 (위에서부터) 49; 34, 49
9 (위에서부터) 19; 51, 19

개념 다지기 014쪽

1 $23-(9+12)=23-21$
$=2$
① ②

2 $19+(31-15)=19+16$
$=35$
① ②

3 $31-26+7=5+7$
$=12$
① ②

4 $12\times(3\times4)=12\times12$
$=144$
① ②

5 $52-16+23=36+23$
$=59$
① ②

6 $60+29-26=89-26$
$=63$
① ②

7 $69-(41+27)=69-68$
$=1$
① ②

8 $55-36+29=19+29$
$=48$
① ②

9 $76-38-16=38-16$
$=22$
① ②

10 $510\div5=102$
①

11 $88-(29+32)=88-61$
$=27$
① ②

덧셈과 뺄셈이 섞여 있으므로 앞에서부터 차례로 계산하면 52−16=36이고, 36에 23을 더하면 59예요.

( )가 있으므로 ( ) 안을 먼저 계산하면 29+32=61이고, 88에서 61을 빼면 27이에요.

개념 다지기 015쪽

1

	2	1			6
−	1	5	+	3	6
		6		4	2

2

	1	7		3	4
+		9	−	2	6
	2	6			8

3

	2	9		6	5
+	3	6	−	3	8
	6	5		2	7

4

	4	1		1	7
−	2	4	+	1	3
	1	7		3	0

5

	1	9		4	6
+	2	2	−	4	1
	4	1			5

6

	2	6		5	5
+	1	7	−	4	3
	4	3		1	2

7

		8		6	4
+	2	9	−	3	7
	3	7		2	7

8

	6	0		3	2
−	2	8	+	2	9
	3	2		6	1

9

	6	9		8	4
+	1	5	−	3	7
	8	4		4	7

10

	3	1		5	3
−	1	2	+	1	9
	1	9		7	2

덧셈과 뺄셈이 섞여 있으므로 앞에서부터 차례로 계산하면 29+36=65이고, 65에서 38을 빼면 27이에요.

( )가 있으므로 ( ) 안을 먼저 계산하면 31−12=19이고, 53에 19를 더하면 72예요.

개념 키우기 016쪽

1 2700

2 (1) 24 (2) 33 (3) 식: 33−5+7=35 답: 35

1 가지고 있던 돈에서 산 물건의 가격의 합을 빼면 5000−(800+1500)=5000−2300=2700(원)입니다.

2 (1) 버스에 31명이 있었는데 첫 번째 정류장에서 7명이 내렸으므로 31−7=24(명) 남아 있습니다.
(2) 버스에 24명이 있었는데 두 번째 정류장에서 9명이 탔으므로 24+9=33(명) 남아 있습니다.
(3) 버스에 33명이 있었는데 세 번째 정류장에서 5명이 내리고 7명이 탔으므로 33−5+7=35(명) 남아 있습니다.

개념 다시보기 017쪽

1. (위에서부터) 32; 41, 32
2. (위에서부터) 10; 42, 10
3. (위에서부터) 40; 23, 40
4. (위에서부터) 46; 63, 46
5. (위에서부터) 4; 41, 4
6. (위에서부터) 20; 42, 20

도전해 보세요 017쪽

1. 식: 14+13−9=18　　답: 18
2. 36−(13+17)=6

> 1. 준우네 반 전체 학생 수에서 안경을 쓴 학생 수를 뺍니다. 식으로 나타내면 14+13−9이고, 앞에서부터 차례로 계산하면 18명입니다.
> 2. 36에서 13과 17을 빼면 6입니다. 괄호를 사용하면 36−(13+17)=6으로 식을 완성할 수 있습니다.

2단계 곱셈과 나눗셈이 섞여 있는 식 계산하기

배운 것을 기억해 볼까요? 018쪽

1. (1) 1596　(2) 5226
2. (2) 12　(3) 31

개념 익히기 019쪽

1. (위에서부터) 54; 18, 54
2. (위에서부터) 108; 18, 108
3. (위에서부터) 3; 24, 3
4. (위에서부터) 48; 12, 48
5. (위에서부터) 3; 28, 3
6. (위에서부터) 147; 21, 147
7. (위에서부터) 3; 35, 3
8. (위에서부터) 36; 12, 36
9. (위에서부터) 4; 36, 4

개념 다지기 020쪽

1. 7×(6÷2)=7×3 =21 (① 6÷2, ② 7×3)
2. 12×9÷3=108÷3 =36 (① 12×9, ② 108÷3)
3. 12×(9÷3)=12×3 =36 (① 9÷3, ② 12×3)
4. 33+8−2=41−2 =39 (① 33+8, ② 41−2)
5. 33×(8÷2)=33×4 =132 (① 8÷2, ② 33×4)
6. 27×12÷4=324÷4 =81 (① 27×12, ② 324÷4)
7. 27×(12÷4)=27×3 =81 (① 12÷4, ② 27×3)
8. 54×6÷2=324÷2 =162 (① 54×6, ② 324÷2)
9. 54×(6÷2)=54×3 =162 (① 6÷2, ② 54×3)
10. 35×15÷3=525÷3 =175 (① 35×15, ② 525÷3)
11. 35×(15÷3)=35×5 =175 (① 15÷3, ② 35×5)

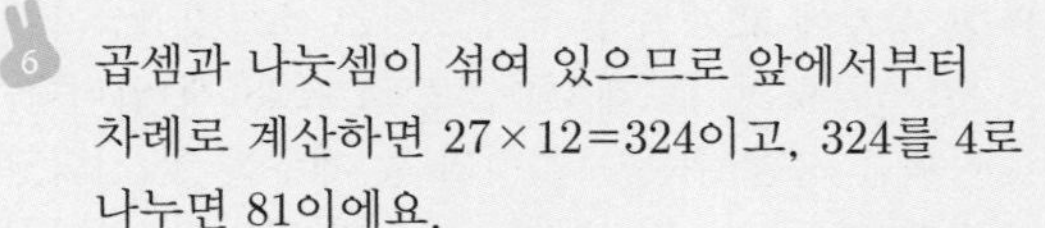

선생님놀이

> 6. 곱셈과 나눗셈이 섞여 있으므로 앞에서부터 차례로 계산하면 27×12=324이고, 324를 4로 나누면 81이에요.
>
> 
>
> 7. ( )가 있으므로 ( ) 안을 먼저 계산하면 12÷4=3이고, 27에 3을 곱하면 81이에요.

개념 다지기 021쪽

1.
```
  16        8
×  2    4)32
  32      32
           0
```
2.
```
  3       4
× 2    6)24
  6      24
          0
```
3.
```
  15        12
×  8    10)120
 120       10
            20
            20
             0
```
4.
```
  3       2
× 5   15)30
 15      30
          0
```
5.
```
  34       85
×  5    2)170
 170      16
           10
           10
            0
```
6.
```
    3      48
 3)9    ×   3
   9      144
   0
```
7.
```
  3       5
× 4   12)60
 12      60
          0
```
8.
```
    20     20
 4)80   × 12
   80     40
    0    20
        240
```

선생님놀이

4 ( )가 있으므로 ( ) 안을 먼저 계산하면 $3\times5=15$이고, 30을 15로 나누면 2예요.

8 곱셈과 나눗셈이 섞여 있으므로 앞에서부터 차례로 계산하면 $80\div4=20$이고, 20에 12를 곱하면 240이에요.

개념 키우기 **022쪽**

1 식: $32\times4\div8=16$ 답: 16
2 (1) 식: $6\times3\div2=9$ 답: 9
(2) 식: $900\times3\div2=1350$ 답: 1350

1 한 상자에 32개씩 들어 있으므로 초콜릿 4상자에 든 초콜릿의 총 개수는 $32\times4=128$(개)입니다. 나눠줄 사람 수는 초콜릿의 총 개수를 한 사람당 갖게 되는 초콜릿 개수로 나누면 됩니다. 따라서 $32\times4\div8=128\div8=16$(명)에게 나누어 줄 수 있습니다.
2 (1) 둘이서 딱지를 똑같이 나누므로 딱지의 총 개수를 2로 나누면 됩니다. 따라서 $6\times3\div2=18\div2=9$(장)씩 나누어 갖게 됩니다.
(2) 돈을 똑같이 내므로 딱지의 총 금액을 2로 나누면 됩니다. 따라서 $900\times3\div2=2700\div2=1350$(원)씩 내면 됩니다.

개념 다시보기 **023쪽**

1 (위에서부터) 8; 40, 8 2 (위에서부터) 60; 5, 60
3 (위에서부터) 45; 3, 45 4 (위에서부터) 2; 24, 2
5 (위에서부터) 45; 315, 45
6 (위에서부터) 5; 14, 5

도전해 보세요 **023쪽**

1 식: $28\div4\times12=84$ 답: 84 2 72

1 28명이 4명씩 모둠이 되어 12개씩 머핀을 만들었으므로 모두 $28\div4\times12=7\times12=84$(개)입니다.
2 곱셈과 나눗셈의 관계를 반대로 생각하면 어떤 수는 120에서 15를 나눈 값에 9를 곱하면 됩니다. 따라서 $120\div15\times9=8\times9=72$입니다.

3단계 덧셈, 뺄셈, 곱셈이 섞여 있는 식 계산하기

배운 것을 기억해 볼까요? **024쪽**

1 (1) 66 (2) 8 2 (1) 40 (2) 6
3 (1) 450 (2) 450

개념 익히기 **025쪽**

1 (위에서부터) 19; 12, 4, 19
2 (위에서부터) 53; 48, 72, 53
3 (위에서부터) 221; 30, 240, 221
4 (위에서부터) 131; 108, 133, 131
5 (위에서부터) 109; 7, 84, 109
6 (위에서부터) 71; 48, 75, 71
7 (위에서부터) 43; 2, 16, 43

개념 다지기 **026쪽**

1 $34+5\times(17-8)=34+5\times9$
$=34+45$
$=79$
① ② ③

2 $29+15\times6-3=29+90-3$
$=119-3$
$=116$
① ② ③

3 $17\times(12-9)+42=17\times3+42$
$=51+42$
$=93$
① ② ③

4 $32\times(6\div2)\times14=32\times3\times14$
$=96\times14$
$=1344$
① ② ③

5 $35\times(13-7)+25=35\times6+25$
$=210+25$
$=235$
① ② ③

6 $\underbrace{\underbrace{46-\underbrace{8\times5}_{\text{①}}}_{\text{②}}+17}_{\text{③}}=46-40+17$
$=6+17$
$=23$

7 $\underbrace{\underbrace{\underbrace{(23-8)}_{\text{①}}+15}_{\text{②}}-21}_{\text{③}}=15+15-21$
$=30-21$
$=9$

8 $\underbrace{55-\underbrace{4\times\underbrace{(2+6)}_{\text{①}}}_{\text{②}}}_{\text{③}}=55-4\times8$
$=55-32$
$=23$

9 $\underbrace{\underbrace{61-\underbrace{5\times3}_{\text{①}}}_{\text{②}}+15}_{\text{③}}=61-15+15$
$=46+15$
$=61$

10 $\underbrace{72-\underbrace{4\times\underbrace{(9+3)}_{\text{①}}}_{\text{②}}}_{\text{③}}=72-4\times12$
$=72-48$
$=24$

11 $\underbrace{155-\underbrace{7\times\underbrace{(31-19)}_{\text{①}}}_{\text{②}}}_{\text{③}}=155-7\times12$
$=155-84$
$=71$

선생님놀이

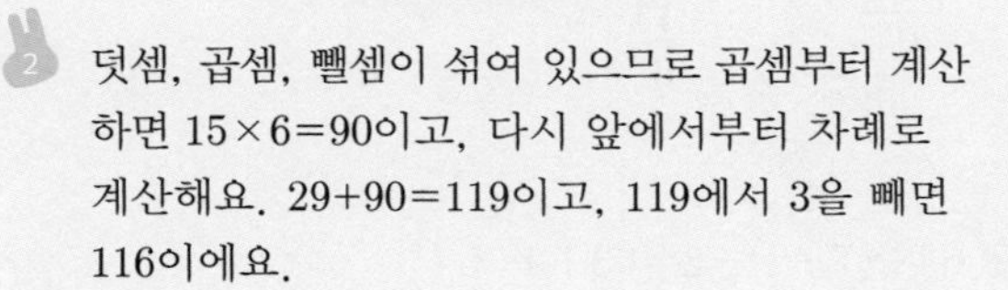

2 덧셈, 곱셈, 뺄셈이 섞여 있으므로 곱셈부터 계산하면 15×6=90이고, 다시 앞에서부터 차례로 계산해요. 29+90=119이고, 119에서 3을 빼면 116이에요.

10 ( )가 있으므로 ( ) 안을 먼저 계산하면 9+3=12예요. 뺄셈과 곱셈 중 곱셈부터 계산하면 4×12=48이고, 72에서 48을 빼면 24예요.

개념 다지기 027쪽

1 $\begin{array}{r} 9 \\ -3 \\ \hline 6 \end{array}$ $\begin{array}{r} 6 \\ \times2 \\ \hline 12 \end{array}$ $\begin{array}{r} 15 \\ +12 \\ \hline 27 \end{array}$

2 $\begin{array}{r} 30 \\ -17 \\ \hline 13 \end{array}$ $\begin{array}{r} 13 \\ \times\ 6 \\ \hline 78 \end{array}$ $\begin{array}{r} 78 \\ +\ 5 \\ \hline 83 \end{array}$

3 $\begin{array}{r} 12 \\ \times\ 4 \\ \hline 48 \end{array}$ $\begin{array}{r} 5 \\ \times48 \\ \hline 240 \end{array}$ $\begin{array}{r} 240 \\ -\ 32 \\ \hline 208 \end{array}$

4 $\begin{array}{r} 21 \\ -19 \\ \hline 2 \end{array}$ $\begin{array}{r} 2 \\ \times4 \\ \hline 8 \end{array}$ $\begin{array}{r} 36 \\ -\ 8 \\ \hline 28 \end{array}$

5 $\begin{array}{r} 9 \\ \times12 \\ \hline 108 \end{array}$ $\begin{array}{r} 21 \\ +108 \\ \hline 129 \end{array}$ $\begin{array}{r} 129 \\ -\ 24 \\ \hline 105 \end{array}$

6 $\begin{array}{r} 3 \\ +16 \\ \hline 19 \end{array}$ $\begin{array}{r} 14 \\ \times19 \\ \hline 126 \\ 14 \\ \hline 266 \end{array}$ $\begin{array}{r} 266 \\ -\ 29 \\ \hline 237 \end{array}$

7 $\begin{array}{r} 35 \\ -17 \\ \hline 18 \end{array}$ $\begin{array}{r} 42 \\ \times18 \\ \hline 336 \\ 42 \\ \hline 756 \end{array}$ $\begin{array}{r} 756 \\ +\ 13 \\ \hline 769 \end{array}$

8 $\begin{array}{r} 10 \\ -\ 7 \\ \hline 3 \end{array}$ $\begin{array}{r} 2 \\ \times3 \\ \hline 6 \end{array}$ $\begin{array}{r} 57 \\ -\ 6 \\ \hline 51 \end{array}$

선생님놀이

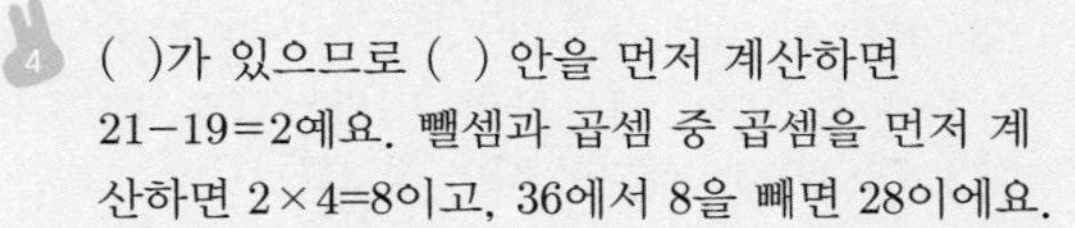

4 ( )가 있으므로 ( ) 안을 먼저 계산하면 21−19=2예요. 뺄셈과 곱셈 중 곱셈을 먼저 계산하면 2×4=8이고, 36에서 8을 빼면 28이에요.

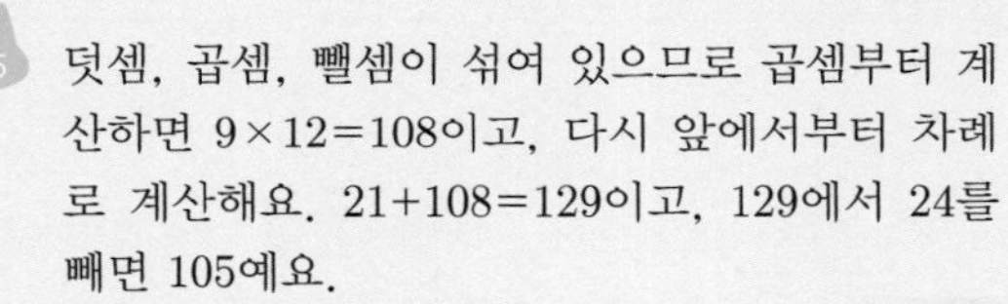

5 덧셈, 곱셈, 뺄셈이 섞여 있으므로 곱셈부터 계산하면 9×12=108이고, 다시 앞에서부터 차례로 계산해요. 21+108=129이고, 129에서 24를 빼면 105예요.

개념 키우기 028쪽

1 식: (12−3)×4+6=42 답: 42
2 (1) 식: 100+5×3=115 답: 115
(2) 식: 100+5×3−20=95 답: 95

1 동생은 예슬이보다 3살 어리고, 어머니의 나이는 동생 나이의 4배보다 6살이 더 많으므로 (12−3)×4+6=9×4+6=36+6=42(살)입니다.

2 (1) 왼쪽 접시에는 100 g짜리 분동 1개와 5 g짜리 분동 3개가 있으므로 100+5×3=100+15=115(g)입니다.
(2) 저울이 수평이므로 양쪽 접시의 무게는 같습니다. 귤 1개와 20 g짜리 분동 1개의 무게의 합이 100+5×3=115(g)이므로 귤의 무게는 100+5×3−20=95(g)입니다.

개념 다시보기 029쪽

1. (위에서부터) 78; 56, 83, 78
2. (위에서부터) 43; 2, 16, 43
3. (위에서부터) 240; 35, 245, 240
4. (위에서부터) 81; 17, 102, 81
5. (위에서부터) 64; 7, 28, 64
6. (위에서부터) 9; 11, 33, 9

도전해 보세요 029쪽

1. 식: $40-(3+4)\times5=5$ 답: 5
2. $78-5\times(3+9)=18$

1. 남은 사탕 수는 원래 있던 사탕 수에서 나누어 준 사탕 수를 뺍니다. 따라서 $40-(3+4)\times5=40-7\times5=40-35=5$(개)가 남습니다.
2. 78−5를 ( )로 묶으면 $(78-5)\times3+9=228$ (×)
5×3을 ( )로 묶으면 $78-(5\times3)+9=72$ (×)
3+9를 ( )로 묶으면 $78-5\times(3+9)=18$ (○)
(3+9)를 먼저 계산하면 12가 되고 $78-5\times12=78-60=18$이 되어 식이 성립합니다.

4단계 덧셈, 뺄셈, 나눗셈이 섞여 있는 식 계산하기

배운 것을 기억해 볼까요? 030쪽

1. (1) 16 (2) 4
2. (1) 86 (2) 29

개념 익히기 031쪽

1. (위에서부터) 7; 3, 9, 7
2. (위에서부터) 2; 30, 5, 2
3. (위에서부터) 17; 2, 20, 17
4. (위에서부터) 30; 3, 13, 30
5. (위에서부터) 18; 4, 1, 18
6. (위에서부터) 6; 4, 0, 6
7. (위에서부터) 14; 4, 8, 14

개념 다지기 032쪽

1. $(12+15)\div3-7=27\div3-7=9-7=2$ (① 12+15, ② ÷3, ③ −7)
2. $24-18\div6+12=24-3+12=21+12=33$ (① 18÷6, ② 24−, ③ +12)
3. $24-(18\div6)+12=24-3+12=21+12=33$ (① 18÷6, ② 24−, ③ +12)
4. $(35+14)\div7-6=49\div7-6=7-6=1$ (① 35+14, ② ÷7, ③ −6)
5. $35+14\div7-6=35+2-6=37-6=31$ (① 14÷7, ② 35+, ③ −6)
6. $63\div7+2-5=9+2-5=11-5=6$ (① 63÷7, ② +2, ③ −5)
7. $63\div(7+2)-5=63\div9-5=7-5=2$ (① 7+2, ② 63÷, ③ −5)
8. $72\div(12-3)+9=72\div9+9=8+9=17$ (① 12−3, ② 72÷, ③ +9)
9. $72\div12-3+9=6-3+9=3+9=12$ (① 72÷12, ② −3, ③ +9)
10. $90-45\div5+17=90-9+17=81+17=98$ (① 45÷5, ② 90−, ③ +17)

11 $(90-45)\div5+17=45\div5+17$
$=9+17$
$=26$

선생님놀이

6 나눗셈, 덧셈, 뺄셈이 섞여 있으므로 나눗셈부터 계산하면 63÷7=9예요. 9+2=11이고, 11에서 5를 빼면 6이에요.

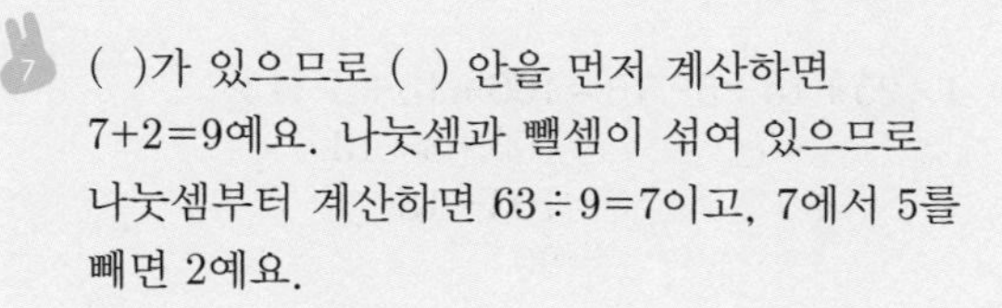

7 ( )가 있으므로 ( ) 안을 먼저 계산하면 7+2=9예요. 나눗셈과 뺄셈이 섞여 있으므로 나눗셈부터 계산하면 63÷9=7이고, 7에서 5를 빼면 2예요.

개념 다지기 033쪽

1 $9-48\div8+4=9-6+4$
$=3+4$
$=7$

2 $9-48\div(8+4)=9-48\div12$
$=9-4$
$=5$

3 $20-8\div4+12=20-2+12$
$=18+12$
$=30$

4 $(20-8)\div4+12=12\div4+12$
$=3+12$
$=15$

5 $32-27\div3+6=32-9+6$
$=23+6$
$=29$

6 $32-27\div(3+6)=32-27\div9$
$=32-3$
$=29$

7 $45+(36-18)\div3=45+18\div3$
$=45+6$
$=51$

8 $45+36-18\div3=45+36-6$
$=81-6$
$=75$

9 $27+36\div(21-3)=27+36\div18$
$=27+2$
$=29$

10 $(27+36)\div21-3=63\div21-3$
$=3-3$
$=0$

11 $(56-35)\div7+12=21\div7+12$
$=3+12$
$=15$

12 $56-35\div7+12=56-5+12$
$=51+12$
$=63$

선생님놀이

9 ( )가 있으므로 ( ) 안을 먼저 계산하면 21−3=18이에요. 덧셈과 나눗셈이 섞여 있으므로 나눗셈부터 계산하면 36÷18=2이고, 27에 2를 더하면 29예요.

10 ( )가 있으므로 ( ) 안을 먼저 계산하면 27+36=63이에요. 나눗셈과 뺄셈이 섞여 있으므로 나눗셈부터 계산하면 63÷21=3이고, 3에서 3을 빼면 0이에요.

개념 키우기 034쪽

1 식: $5000-(1500+7200\div12)=2900$ 답: 2900
2 (1) 식: $(42+48)\div6=15$ 답: 15
(2) 식: $(42+48)\div6-78\div6=2$ 답: 2

1 낸 돈에서 산 물건의 가격의 합을 빼면 $5000-(1500+7200\div12)=5000-(1500+600)=5000-2100=2900$(원)을 거슬러 받습니다.

2 (1) 지구에서 잰 몸무게의 합을 6으로 나누면 $(42+48)\div6=90\div6=15$(kg)입니다.

(2) 선생님의 몸무게는 78 kg이므로 달에서는 $78\div6=13$(kg)입니다. 따라서 가은이와 누리의 몸무게 합과의 차이는 $(42+48)\div6-78\div6=90\div6-78\div6=15-13=2$(kg) 입니다.

개념 다시보기 035쪽

1 (위에서부터) 14; 6, 6, 14
2 (위에서부터) 20; 4, 11, 20
3 (위에서부터) 30; 21, 3, 30
4 (위에서부터) 10; 24, 3, 10
5 (위에서부터) 30; 27, 3, 30
6 (위에서부터) 3; 75, 5, 3

도전해 보세요 035쪽

1 식: $3200-(2700\div3+1400)=900$ 답: 900
2 7

1 샌드위치 한 개의 가격에서 과자 한 봉지와 초콜릿 한 개의 가격을 뺍니다. 따라서 $3200-(2700\div3+1400)=3200-(900+1400)=3200-2300=900$(원) 더 비쌉니다.

2 $42+14\div\square-5=39$이므로 $42+14\div\square=44$이고, $14\div\square=2$입니다. 따라서 $\square=7$입니다.

5단계 덧셈, 뺄셈, 곱셈, 나눗셈이 섞여 있는 식 계산하기

배운 것을 기억해 볼까요? 036쪽

1 (1) 80 (2) 5
2 (1) 13 (2) 1
3 (1) 37 (2) 41

개념 익히기 037쪽

1 (위에서부터) 1; 12, 2, 8, 1
2 (위에서부터) 16; 6, 18, 27, 16
3 (위에서부터) 0; 12, 2, 11, 0
4 (위에서부터) 24; 9, 4, 36, 24
5 (위에서부터) 54; 12, 54, 66, 54
6 (위에서부터) 67; 4, 32, 72, 67
7 (위에서부터) 52; 4, 3, 12, 52

개념 다지기 038쪽

1 $4\times25+15\div5-13=100+15\div5-13=100+3-13=103-13=90$

2 $12+20\div4\times7-21=12+5\times7-21=12+35-21=47-21=26$

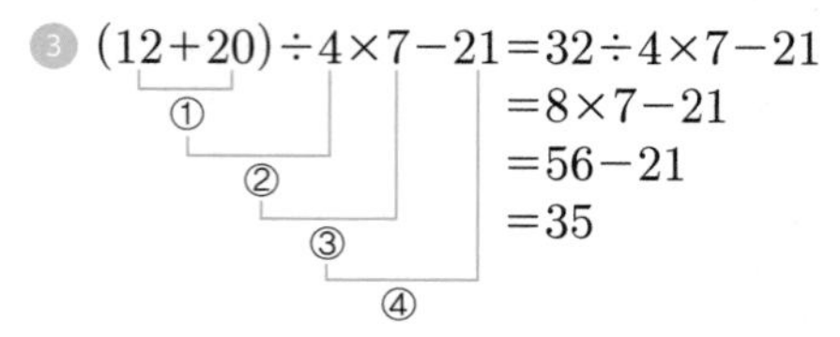

3 $(12+20)\div4\times7-21=32\div4\times7-21=8\times7-21=56-21=35$

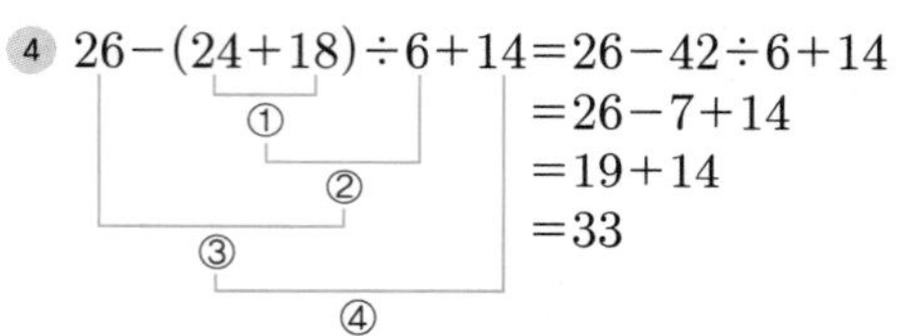

4 $26-(24+18)\div6+14=26-42\div6+14=26-7+14=19+14=33$

5 $26-24+18\div6+14=26-24+3+14=2+3+14=5+14=19$

6 $32+54\div(2\times9)-5=32+54\div18-5=32+3-5=35-5=30$

7 $32+54\div2\times9-5=32+27\times9-5=32+243-5=275-5=270$

8 $60\div6+(23-9)\times3=60\div6+14\times3=10+14\times3=10+42=52$

9 $60\div6+23-9\times3=10+23-9\times3$
$=10+23-27$
$=33-27$
$=6$

10 $91-72\div(8+4)\times5=91-72\div12\times5$
$=91-6\times5$
$=91-30$
$=61$

11 $91-72\div8+4\times5=91-9+4\times5$
$=91-9+20$
$=82+20$
$=102$

선생님놀이

2 덧셈, 나눗셈, 곱셈, 뺄셈이 섞여 있으므로 나눗셈과 곱셈부터 차례로 계산하면 20÷4=5이고, 5×7=35예요. 다시 앞에서부터 차례로 계산하면 12+35=47이고, 47에서 21을 빼면 26이에요.

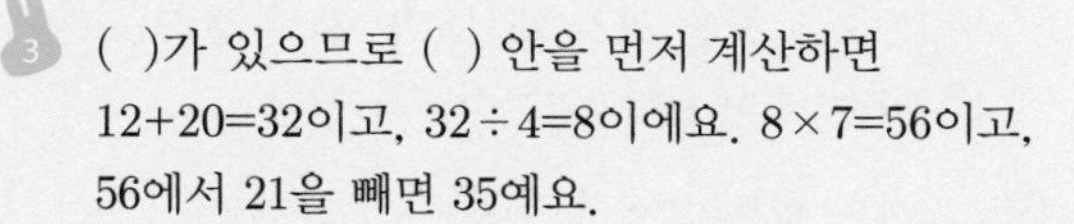
3 ( )가 있으므로 ( ) 안을 먼저 계산하면 12+20=32이고, 32÷4=8이에요. 8×7=56이고, 56에서 21을 빼면 35예요.

개념 다지기 039쪽

1 $3\times(36\div4)+8-5=3\times9+8-5$
$=27+8-5$
$=35-5$
$=30$

2 $3\times36\div(4+8)-5=3\times36\div12-5$
$=108\div12-5$
$=9-5$
$=4$

3 $12\times8-6+21\div7=96-6+21\div7$
$=96-6+3$
$=90+3$
$=93$

4 $12\times(8-6)+21\div7=12\times2+21\div7$
$=24+21\div7$
$=24+3$
$=27$

5 $27+(9+18)\div9\times3=27+27\div9\times3$
$=27+3\times3$
$=27+9$
$=36$

6 $27+9+18\div9\times3=27+9+2\times3$
$=27+9+6$
$=36+6$
$=42$

7 $40-63\div7\times3+5=40-9\times3+5$
$=40-27+5$
$=13+5$
$=18$

8 $40-63\div(7\times3)+5=40-63\div21+5$
$=40-3+5$
$=37+5$
$=42$

9 $75-(5+7)\times6\div3=75-12\times6\div3$
$=75-72\div3$
$=75-24$
$=51$

10 $75-5+7\times(6\div3)=75-5+7\times2$
$=75-5+14$
$=70+14$
$=84$

11 $16+84\div4-3\times7=16+21-3\times7$
$=16+21-21$
$=37-21$
$=16$

12 $(16+84)\div4-3\times7=100\div4-3\times7$
$=25-3\times7$
$=25-21$
$=4$

선생님놀이

7 뺄셈, 나눗셈, 곱셈, 덧셈이 섞여 있으므로 나눗셈과 곱셈부터 차례로 계산하면 63÷7=9이고, 9×3=27이에요. 다시 앞에서부터 차례로 계산하면 40−27=13이고, 13에 5를 더하면 18이에요.

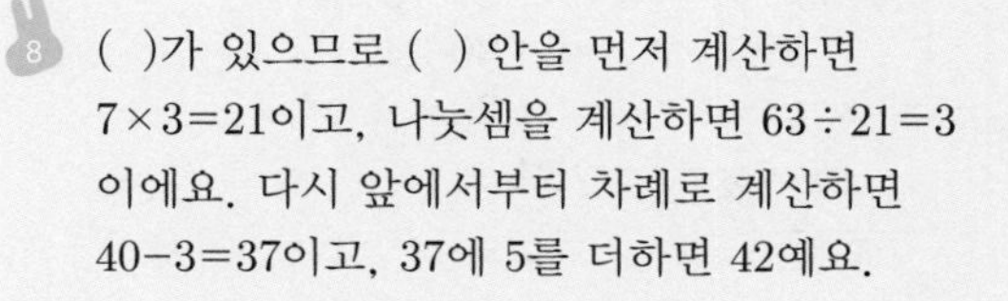
8 ( )가 있으므로 ( ) 안을 먼저 계산하면 7×3=21이고, 나눗셈을 계산하면 63÷21=3이에요. 다시 앞에서부터 차례로 계산하면 40−3=37이고, 37에 5를 더하면 42예요.

개념 키우기 **040쪽**

1 식: $(59-32)\times10\div18=15$ 답: 15
3 (1) 식: $1650\div6+48\times2+87-200=258$ 답: 258
(2) 식: $2016\div8+596+65\times2-150=828$ 답: 828

> 1 섭씨온도는 화씨온도에서 32를 뺀 수에 10을 곱하고 18로 나눕니다. 따라서 섭씨온도는 $(59-32)\times10\div18=27\times10\div18=270\div18=15$(℃)입니다.
>
> 2 (1) 혜민이가 먹은 간식의 열량에서 운동으로 소모한 열량을 빼면 $1650\div6+48\times2+87-200=275+96+87-200=258$(kcal)입니다.
> (2) 지민이가 먹은 간식의 열량에서 운동으로 소모한 열량을 빼면 $2016\div8+596+65\times2-150=252+596+130-150=828$(kcal)입니다.

개념 다시보기 **041쪽**

1 $20+4\times3\div2-6=20+12\div2-6$
$=20+6-6$
$=26-6$
$=20$
① ② ③ ④

2 $(8+5)\times2-36\div9=13\times2-36\div9$
$=26-36\div9$
$=26-4$
$=22$
① ③ ② ④

3 $21-21\div7+15\times3=21-3+15\times3$
$=21-3+45$
$=18+45$
$=63$
① ② ③ ④

4 $45-(17+8)\div5\times4=45-25\div5\times4$
$=45-5\times4$
$=45-20$
$=25$
① ② ③ ④

5 $9+5\times(33-17)\div4=9+5\times16\div4$
$=9+80\div4$
$=9+20$
$=29$
① ② ③ ④

6 $63\div7\times12-14+19=9\times12-14+19$
$=108-14+19$
$=94+19$
$=113$
① ② ③ ④

7 $64\div8+2\times(15-9)=64\div8+2\times6$
$=8+2\times6$
$=8+12$
$=20$
② ① ③ ④

8 $96\div3-3+2\times4=32-3+2\times4$
$=32-3+8$
$=29+8$
$=37$
① ② ③ ④

도전해 보세요 **041쪽**

1 식: $64\div(2\times4)-6=2$ 또는 $64\div(4\times2)-6=2$ 답: 2
2 36

> 1 계산 결과가 가장 크려면 64를 나누는 수가 가장 작아야 되므로 2, 4, 6 중 작은 2개의 수 2, 4를 곱하는 수에 쓰고, 남은 6을 빼는 수에 씁니다. 따라서 식은 $64\div(2\times4)-6$ 또는 $64\div(4\times2)-6$이고, ( ) 안을 먼저 계산하면 계산 결과는 $64\div(2\times4)-6=64\div8-6=8-6=2$입니다.
>
> 2 □$-(8+7)\times5\div3=11$이므로, □$-15\times5\div3=11$이고, □$-75\div3=11$입니다. □$-25=11$이므로, □ 안에 들어갈 알맞은 수는 36입니다.

6단계 약수와 배수의 관계

배운 것을 기억해 볼까요? **042쪽**

1 (1) 3500 (2) 70 (3) 700
2 (1) 20 (2) 10 (3) 5 3 (1) 32 (2) 16 (3) 4

개념 익히기 **043쪽**

1 (위에서부터) 1, 2, 5, 10; 1, 2, 5, 10
2 (위에서부터) 1, 3, 5, 15; 1, 3, 5, 15
3 (위에서부터) 1, 2, 3, 6, 9, 18; 1, 2, 3, 6, 9, 18
4 (위에서부터) 1, 2, 4, 8, 16, 32; 1, 2, 4, 8, 16, 32
5 3, 6, 9, 12 6 8, 16, 24, 32
7 7, 14, 21, 28 8 5, 10, 15, 20
9 9, 18, 27, 36 10 11, 22, 33, 44

개념 다지기 **044쪽**

1 ○ 2 × 3 × 4 ○
5 ○ 6 × 7 ○ 8 ○
9 × 10 ○ 11 ○ 12 ×

선생님놀이

4 4는 32를 나누어떨어지게 하므로, 4는 32의 약수예요.

7 117은 9의 13배이므로, 117은 9의 배수예요.

개념 다지기 **045쪽**

1 1, 2, 4; 1, 2, 4, 8, 16; 1, 2, 4, 8, 16
2 1, 2; 1, 2, 5, 10; 1, 2, 5, 10
3 24, 12, 8, 4; 1, 2, 3, 4, 6, 8, 12, 24; 1, 2, 3, 4, 6, 8, 12, 24
4 18, 9, 6; 1, 2, 3, 6, 9, 18; 1, 2, 3, 6, 9, 18
5 36, 18, 12, 4, 6; 1, 2, 3, 4, 6, 9, 12, 18, 36; 1, 2, 3, 4, 6, 9, 12, 18, 36

선생님놀이

4 18은 1×18, 2×9, 3×6의 값이고 1, 2, 3, 6, 9, 18은 18을 나누어떨어지게 하므로 18의 약수입니다. 18은 1의 18배, 2의 9배, 3의 6배, 6의 3배, 9의 2배, 18의 1배이므로 1, 2, 3, 6, 9, 18의 배수입니다.

개념 키우기 **046쪽**

1

약수	3	8	8	16
배수	12	16	32	32

2 (1) (1장씩, 20명), (2장씩, 10명), (4장씩, 5명), (5장씩, 4명), (10장씩, 2명), (20장씩, 1명)
(2) $1\times20=20$, $2\times10=20$, $4\times5=20$, $5\times4=20$, $10\times2=20$, $20\times1=20$

1 8×2=16, 8×4=32이므로 8은 16과 32의 약수이고 16과 32는 8의 배수입니다. 16×2=32이므로 16은 32의 약수이고 32는 16의 배수입니다.
2 (1) 20의 약수가 1, 2, 4, 5, 10, 20이므로 나누어 가질 수 있는 경우는 모두 (1장씩, 20명), (2장씩, 10명), (4장씩, 5명), (5장씩 4명), (10장씩 2명), (20장씩 1명)이 됩니다.
(2) (1장씩, 20명) → $1\times20=20$, (2장씩, 10명) → $2\times10=20$, (4장씩, 5명) → $4\times5=20$, (5장씩, 4명) → $5\times4=20$, (10장씩, 2명) → $10\times2=20$, (20장씩, 1명) → $20\times1=20$

개념 다시보기 **047쪽**

1 약수, 약수, 배수, 배수 2 배수, 약수, 약수, 배수
3 24, 24, 배수, 약수 4 35, 35, 35, 배수
5 42, 21, 14, 7; 1, 2, 3, 6, 7, 14, 21, 42; 1, 2, 3, 6, 7, 14, 21, 42
6 54, 27, 18, 6; 1, 2, 3, 6, 9, 18, 27, 54; 1, 2, 3, 6, 9, 18, 27, 54

도전해 보세요 **047쪽**

1 12, 18 2 8

1 10보다 크고 30보다 작은 6의 배수는 12, 18, 24입니다. 이 중 36의 약수인 수는 12, 18입니다.
2 56은 ㉮의 배수이므로 ㉮는 56의 약수입니다. 56의 약수는 1, 2, 4, 7, 8, 14, 28, 56이므로, ㉮에 해당하는 수는 1, 2, 4, 7, 8, 14, 28, 56입니다. 따라서 8개입니다.

7단계 공약수와 최대공약수 구하기

배운 것을 기억해 볼까요? **048쪽**

1 배수, 약수 2 (1) 1, 3, 9 (2) 약수

개념 익히기 **049쪽**

1 1, 2, 4; 1, 2, 3, 6; 1, 2; 2
2 1, 2, 5, 10; 1, 2, 3, 4, 6, 12; 1, 2; 2
3 1, 2, 3, 4, 6, 12; 1, 2, 4, 8, 16; 1, 2, 4; 4
4 1, 3, 5, 15; 1, 3, 9, 27; 1, 3; 3
5 1, 3, 7, 21; 1, 5, 7, 35; 1, 7; 7

6 1, 2, 4, 5, 10, 20; 1, 2, 3, 5, 6, 10, 15, 30; 1, 2, 5, 10; 10
7 1, 3, 7, 21; 1, 3, 5, 9, 15, 45; 1, 3; 3

개념 다지기 **050쪽**

1 1, 2, 7, 14; 1, 3, 7, 21; 1, 7; 7
2 1, 2, 5, 10; 1, 2, 3, 5, 6, 10, 15, 30; 1, 2, 5, 10; 10
3 1, 2, 4, 8, 16; 1, 2, 4, 7, 14, 28; 1, 2, 4; 4
4 1, 2, 3, 4, 6, 8, 12, 24; 1, 5, 7, 35; 1; 1
5 1, 2, 3, 4, 6, 12; 1, 2, 3, 6, 7, 14, 21, 42; 1, 2, 3, 6; 6
6 1, 2, 3, 6, 9, 18; 1, 3, 5, 9, 15, 45; 1, 3, 9; 9
7 1, 13; 1, 2, 4, 13, 26, 52; 1, 13; 13
8 1, 2, 3, 4, 6, 9, 12, 18, 36; 1, 2, 3, 4, 6, 8, 12, 16, 24, 48; 1, 2, 3, 4, 6, 12; 12
9 1, 3, 9, 27; 1, 3, 7, 9, 21, 63; 1. 3. 9; 9
10 1, 2, 4, 7, 8, 14, 28, 56; 1, 2, 4, 8, 16, 32, 64; 1, 2, 4, 8; 8

16의 약수는 1, 2, 4, 8, 16이고, 28의 약수는 1, 2, 4, 7, 14, 28이므로 16과 28의 공약수는 1, 2, 4이고 최대공약수는 4예요.

27의 약수는 1, 3, 9, 27이고, 63의 약수는 1, 3, 7, 9, 21, 63이므로 27과 63의 공약수는 1, 3, 9이고 최대공약수는 9예요.

개념 다지기 **051쪽**

1 1, 2; 2
2 1, 5; 5
3 1, 2, 4; 4
4 1, 2, 4, 8; 8
5 1, 3, 9, 27; 27
6 1, 2, 3, 6, 9, 18; 18
7 1, 7; 7
8 1, 3; 3
9 1, 2, 7, 14; 14
10 1, 2, 4, 8; 8

선생님놀이

36의 약수는 1, 2, 3, 4, 6, 9, 12, 18, 36이고, 18의 약수는 1, 2, 3, 6, 9, 18이므로, 36과 18의 공약수는 1, 2, 3, 6, 9, 18이고 최대공약수는 18이에요.

72의 약수는 1, 2, 3, 4, 6, 8, 9, 12, 18, 24, 36, 72이고, 32의 약수는 1, 2, 4, 8, 16, 32이므로, 72와 32의 공약수는 1, 2, 4, 8이고 최대공약수는 8이에요.

개념 키우기 **052쪽**

1 24
2 (1) 16 (2) 2 (3) 3

1 일정한 간격으로 설치해야 하므로 간격은 42와 30의 공약수입니다. 말뚝을 최소로 설치하려면 간격은 최대가 되어야 하므로 42와 30의 최대공약수입니다. 따라서 울타리의 간격은 42와 30의 최대공약수인 6 m입니다. $42 \div 6=7$, $30 \div 6=5$이므로 네 모퉁이를 제외하면 가로에는 6개, 세로에는 4개의 울타리를 설치해야 됩니다. 따라서 모퉁이를 포함하여 말뚝을 설치할 때 필요한 말뚝의 수는 $6+4+6+4+4=24$(개)입니다.

2 (1) 남김없이 똑같이 나누어 주어야 하므로 인원수는 32와 48의 공약수입니다. 최대한 많은 친구들에게 나누어 주어야 하므로 인원수는 32와 48의 최대공약수입니다. 32와 48의 최대공약수를 구하면 16이므로 최대 16명에게 나누어 줄 수 있습니다.
(2) $32 \div 16=2$(개)씩 나누어 줄 수 있습니다.
(3) $48 \div 16=3$(자루)씩 나누어 줄 수 있습니다.

개념 다시보기 **053쪽**

1 1, 2, 4, 8; 1, 2, 4, 8, 16; 1, 2, 4, 8; 8
2 1, 2, 3, 4, 6, 12; 1, 2, 4, 5, 10, 20; 1, 2, 4; 4
3 1, 3, 7, 21; 1, 2, 4, 7, 14, 28; 1, 7; 7
4 1, 2, 3, 6, 9, 18; 1, 2, 4, 8, 16, 32; 1, 2; 2
5 1, 2, 4, 8; 8
6 1, 2, 4, 8, 16, 32; 32

도전해 보세요 **053쪽**

1 12
2 9

1 겹치지 않게 빈틈없이 덮으려면 정사각형의 한 변의 길이는 112와 84의 공약수입니다. 최대한 큰 색지이므로 정사각형의 한 변의 길이는 112와 84의 최대공약수인 28 cm입니다. $112 \div 28=4$, $84 \div 28=3$이므로 색지가 가로로 4장, 세로로 3장

필요합니다. 따라서 $4\times3=12$(장) 필요합니다.

2 어떤 수로 36을 나누면 나누어떨어지고, 29를 나누면 나머지가 2이므로 어떤 수는 36과 27의 공약수입니다. 따라서 어떤 수 중에서 가장 큰 수는 36과 27의 최대공약수인 9입니다.

8단계 공배수와 최소공배수 구하기

배운 것을 기억해 볼까요? 054쪽

1 (1) 8, 12 (2) 15, 20 2 (1) 3, 9 (2) 8

개념 익히기 055쪽

1 2, 4, 6, 8, 10, 12 …; 3, 6, 9, 12 …; 6, 12 …; 6
2 3, 6, 9, 12 …; 6, 12 …; 6, 12 …; 6
3 4, 8, 12, 16, 20, 24 …; 12, 24…; 12, 24 …; 12
4 6, 12, 18, 24, 30, 36 …; 9, 18, 27, 36 …; 18, 36 …; 18
5 10, 20, 30, 40, 50, 60 …; 15, 30, 45, 60 …; 30, 60 …; 30
6 12, 24, 36, 48, 60, 72 …; 18, 36, 54, 72 …; 36, 72 …; 36
7 16, 32, 48, 64, 80, 96 …; 24, 48, 72, 96 …; 48, 96 …; 48

개념 다지기 056쪽

1 5, 10, 15, 20, 25, 30 …; 6, 12, 18, 24, 30 …; 30, 60 …; 30
2 4, 8, 12, 16 …; 8, 16, 24 …; 8, 16 …; 8
3 10, 20, 30 …; 5, 10, 15, 20 …; 10, 20 …; 10
4 9, 18, 27, 36, 45 …; 15, 30, 45, 60 …; 45, 90 …; 45
5 7, 14, 21, 28 …; 14, 28, 42 …; 14, 28 …; 14
6 12, 24, 36, 48 …; 16, 32, 48, 64 …; 48, 96 …; 48
7 18, 36, 54, 72, 90 …; 27, 54 …; 54, 108 …; 54
8 20, 40, 60, 80, 100, 120 …; 30, 60, 90, 120 …; 60, 120 …; 60
9 14, 28, 42, 56 …; 21, 42, 63, 84 …; 42, 84 …; 42
10 24, 48, 72, 96, 120, 144 …; 36, 72, 108, 144, …; 72, 144 …; 72

선생님놀이 

5 7의 배수는 7, 14, 21, 28 …이고, 14의 배수는 14, 28, 42 …이므로 7과 14의 공배수는 14, 28, 42 …이고 최소공배수는 14예요.

8 20의 배수는 20, 40, 60, 80, 100, 120 …이고, 30의 배수는 30, 60, 90, 120 …이므로 20과 30의 공배수는 60, 120 …이고 최소공배수는 60이에요.

개념 다지기 057쪽

1 9, 18, 27, 36 …; 18, 36, 54 …; 18
2 8, 16, 24, 32 …; 12, 24, 36, 48 …; 24
3 15, 30, 45, 60 …; 60, 120, 180 …; 60
4 16, 32, 48, 64, 80 …; 40, 80, 120 …; 80
5 20, 40, 60, 80, 100 …; 25, 50, 75, 100 …; 100
6 14, 28, 42, 56 …; 28, 56, 84, 112 …; 28
7 30, 60, 90, 120 …; 45, 90, 135 …; 90
8 27, 54, 81, 108 …; 36, 72, 108 …; 108

선생님놀이 

2 8의 배수는 8, 16, 24, 32 …이고, 12의 배수는 12, 24, 36, 48 …이에요. 최소공배수는 가장 작은 공배수이므로 24예요.

3 15의 배수는 15, 30, 45, 60 …이고, 60의 배수는 60, 120, 180 …이에요. 최소공배수는 가장 작은 공배수이므로 60이에요.

개념 키우기 058쪽

1 오전 8시 30분
2 (1) 10, 12 (2) 60 (3) 기해년 (4) 임인년

1 한 버스는 10의 배수로, 다른 버스는 15의 배수로 출발하므로 같이 출발하는 간격은 10과 15의 공배수입니다. 그리고 10과 15의 최소공배수는 30입니다. 두 버스가 오전 7시에 같이 출발했으므로, 이후 두 버스가 같이 출발하는 시각은 7시 30분, 8시, 8시 30분, 9시 …입니다. 따라서 세 번째에 같이 출발하는 시각은 오전 8시 30분입니다.

2 (1) 십간은 갑, 을, 병, 정 …이 10개이므로 10년마다 반복되고, 십이지는 자, 축, 인, 묘 …가 12개이므로 12년마다 반복됩니다.

(2) 10의 배수는 10, 20, 30, 40, 50, 60 …이고, 12의 배수는 12, 24, 36, 48, 60 …이므로, 10과 12의 최소공배수는 60입니다. 따라서 60년 후에 갑자년이 돌아옵니다.

(3) 십간은 10년마다 반복되고 십이지는 12년마다 반복됩니다. 10과 12의 최소공배수가 60이므로 기미년에서 60년 후 다시 기미년이 돌아옵니다. 100=60+40이므로 기미년이 돌아온 후 다시 40년이 되는 해를 찾습니다. 십간은 10년마다, 십이지는 12년마다 같은 곳에 위치하므로 기미년에서 십간은 40년 후에 '기', 십이지는 12년, 24년, 36년에 '미'이고 이후 4년째는 '해'에 해당합니다. 따라서, 기미년 후로 100년은 기해년입니다.

(4) 2018은 무술년이고 십간 중 '무'에서 4년 후는 '임', 십이지 중 '술'에서 4년 후는 '인'입니다. 따라서 2022년은 임인년입니다.

개념 다시보기 **059쪽**

1 2, 4, 6, 8 …; 4, 8, 12, 16 …; 4, 8; 4
2 3, 6, 9, 12 …; 9, 18, 27, 36 …; 9, 18; 9
3 6, 12, 18, 24 …; 8, 16, 24, 32 …; 24, 48; 24
4 15, 30, 45, 60, 75, 90, 105 …; 21, 42, 63, 84, 105 …; 105, 210; 105
5 12, 24, 36, 48, 60 …; 20, 40, 60, 80, 100 …; 60, 120; 60
6 18, 36, 54, 72, 90 …; 30, 60, 90, 120 …; 90, 180; 90

도전해 보세요 **059쪽**

1 12 2 2

1 흰색 블록을 민수는 4번째마다, 규영이는 3번째마다 놓습니다. 따라서 4와 3의 최소공배수인 12번째마다 민수와 규영이가 흰색 블록을 같은 위치에 놓습니다. 12의 배수는 12, 24, …, 144, 156 …이므로 150개의 블록을 놓을 때, 흰색 블록을 놓는 마지막 위치는 144번째입니다. $144=12\times12$이므로 같은 위치에 흰색 블록을 놓는 경우는 모두 12번입니다.

2 5의 배수이면서 7의 배수인 수는 35의 배수이므로 35, 70 …입니다. 따라서 1부터 100까지의 자연수 중에서 5의 배수이면서 7의 배수인 수는 2개입니다.

9단계 최대공약수와 최소공배수 구하기

배운 것을 기억해 볼까요? **060쪽**

1 1, 2, 4; 1, 2, 3, 6; 1, 2; 2
2 4, 8, 12, 16 …; 6, 12, 18, 24 …; 12, 24; 12

개념 익히기 **061쪽**

1 (위에서부터) 2, 5; 2, 5, 30
2 (위에서부터) 5, 9; 5, 9, 180
3 (위에서부터) 8, 8; 8, 8, 288
4 (위에서부터) 7, 9, 9, 9; 9, 7, 9, 9, 567

개념 다지기 **062쪽**

1 2×4; 3×4 ; 4; 24
2 3×6; 5×6 ; 6; 90
3 2×7; 3×7 ; 7; 42
4 4×5; 5×5 ; 5; 100
5 예 $2\times3\times5$; $2\times5\times5$; 10; 150
6 예 $2\times3\times8$; $2\times4\times8$; 16; 192
7 예 $2\times3\times7$; $2\times3\times3\times4$; 6; 504
8 예 $3\times3\times7$; $3\times4\times7$; 21; 252

선생님놀이 

2 $18=3\times6$, $30=5\times6$이므로 18과 30의 최대공약수는 6이고, 최소공배수는 $3\times5\times6=90$이에요.

3 $14=2\times7$, $21=3\times7$이므로 14와 21의 최대공약수는 7이고, 최소공배수는 $2\times3\times7=42$예요.

개념 다지기 **063쪽**

1 4; 56 2 16; 32 3 12; 36 4 7; 210
5 6; 240 6 8; 320 7 27; 162 8 26; 78

선생님놀이

$6\,\underline{)\ 30\ \ 48}$
$\quad 5\ \ \ 8$ 이므로 최대공약수는 6이고,
최소공배수는 $6\times5\times8=240$이에요.

$27\,\underline{)\ 54\ \ 81}$
$\quad\ 2\ \ \ 3$ 이므로 최대공약수는 27이고,
최소공배수는 $27\times2\times3=162$예요.

개념 키우기 **064쪽**

1 (1) 4 (2) 8 2 (1) 60 (2) 90 (3) 42

1 (1) 민지는 한 번에 3계단씩 8번 만에 올라갔으므로 계단의 수는 총 24개입니다. 민지가 3계단씩, 주희는 2계단씩 올라갔으므로 3과 2의 최소공배수인 6번째마다 계단을 같이 밟습니다. 따라서 $24\div6=4$(개)입니다.
(2) 민지가 밟은 계단은 3의 배수이고, 주희가 밟은 계단은 2의 배수이므로, 두 사람 모두 밟지 않은 계단의 수는 2의 배수도 3의 배수도 아닌 수를 세면 됩니다. 따라서 1, 5, 7, 11, 13, 17, 19, 23 모두 8개입니다.
2 빈틈이 없으므로 상자의 가로, 세로, 높이는 모두 30의 배수입니다.
(1) $30=2\times3\times5$이므로 상자의 세로 중 □는 5의 배수이고, 이 중 최소는 5입니다. 따라서 세로는 $2\times2\times3\times5=60$(cm)입니다.
(2) 상자의 높이에서 □$=5$이므로 높이는 $2\times3\times3\times5=90$(cm)입니다.
(3) 물건이 가로로 7개씩, 세로로 2줄, 3층 높이로 쌓여 있으므로 $2\times3\times7=42$(개)입니다.

개념 다시보기 **065쪽**

1 2, 3, 3, 3; 3; 18 2 3, 4, 3, 5; 3; 60
3 ㉮ 2×9; 2×8; 2; 144 4 ㉮ 4×5; 4×6; 4; 120
5 14; 84 6 7; 280

도전해 보세요 **065쪽**

1 96 2 4

1 4로 나누어도, 6으로 나누어도 항상 나누어떨어지는 수는 4와 6의 최소공배수인 12의 배수입니다. 12의 배수 중에서 가장 큰 두 자리 수는 96입니다.
2 ㉮와 ㉯의 최대공약수가 $60=3\times4\times5$이므로, 두 수는 3, 4, 5의 배수입니다. 따라서 ㉯$=3\times$□$\times11\times5$에서 □는 4의 배수여야 합니다. 가장 작은 4의 배수는 4이므로 □ 안에 들어갈 가장 작은 수는 4입니다.

10단계 크기가 같은 분수 만들기

배운 것을 기억해 볼까요? **066쪽**

1 2; 12 2 3; 63 3 12; 72

개념 익히기 **067쪽**

1 0 1 $\dfrac{1\times\boxed{2}}{3\times\boxed{2}}=\dfrac{\boxed{2}}{\boxed{6}}$

2 0 1 $\dfrac{3\div\boxed{3}}{12\div\boxed{3}}=\dfrac{\boxed{1}}{\boxed{4}}$

3 0 1 $\dfrac{4}{10}$

4 0 1 $\dfrac{1}{2}$

5 ; $\dfrac{6}{9}$

6
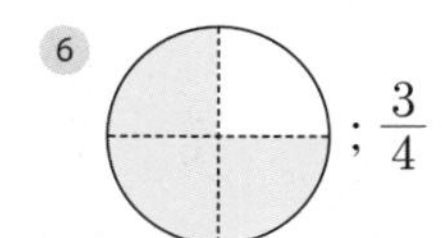
; $\dfrac{3}{4}$

7
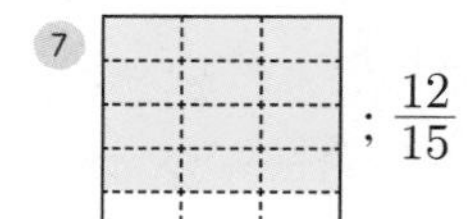
; $\dfrac{12}{15}$

8
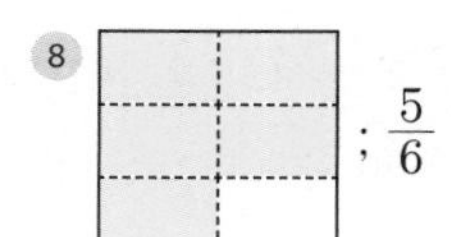
; $\dfrac{5}{6}$

개념 다지기 068쪽

1 $\frac{5\times\boxed{2}}{6\times\boxed{2}}=\frac{\boxed{10}}{\boxed{12}}$, $\frac{5\times\boxed{3}}{6\times\boxed{3}}=\frac{\boxed{15}}{\boxed{18}}$

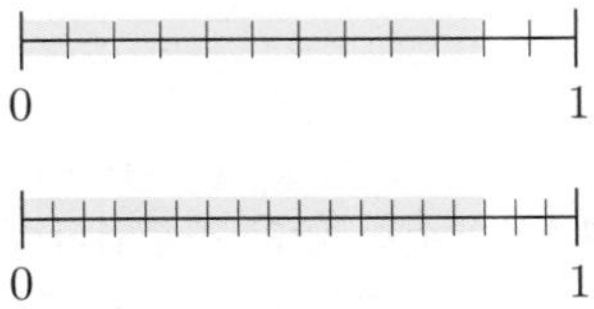

$\frac{10}{12}$, $\frac{15}{18}$

2 $\frac{4\div\boxed{2}}{8\div\boxed{2}}=\frac{\boxed{2}}{\boxed{4}}$, $\frac{4\div\boxed{4}}{8\div\boxed{4}}=\frac{\boxed{1}}{\boxed{2}}$

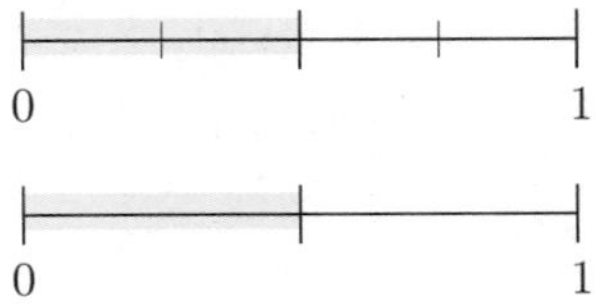

$\frac{2}{4}$, $\frac{1}{2}$

3 $\frac{2\times\boxed{2}}{5\times\boxed{2}}=\frac{\boxed{4}}{\boxed{10}}$, $\frac{2\times\boxed{3}}{5\times\boxed{3}}=\frac{\boxed{6}}{\boxed{15}}$

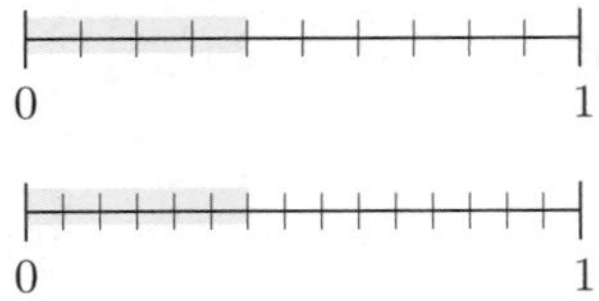

$\frac{4}{10}$, $\frac{6}{15}$

4 $\frac{12\div\boxed{2}}{16\div\boxed{2}}=\frac{\boxed{6}}{\boxed{8}}$, $\frac{12\div\boxed{4}}{16\div\boxed{4}}=\frac{\boxed{3}}{\boxed{4}}$

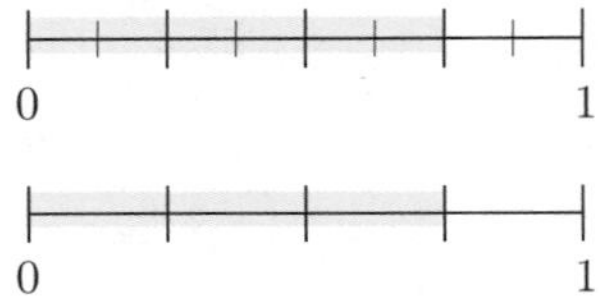

$\frac{6}{8}$, $\frac{3}{4}$

5 $\frac{2\times\boxed{2}}{7\times\boxed{2}}=\frac{\boxed{4}}{\boxed{14}}$, $\frac{2\times\boxed{3}}{7\times\boxed{3}}=\frac{\boxed{6}}{\boxed{21}}$

$\frac{4}{14}$, $\frac{6}{21}$

6 $\frac{4\div\boxed{2}}{12\div\boxed{2}}=\frac{\boxed{2}}{\boxed{6}}$, $\frac{4\div\boxed{4}}{12\div\boxed{4}}=\frac{\boxed{1}}{\boxed{3}}$

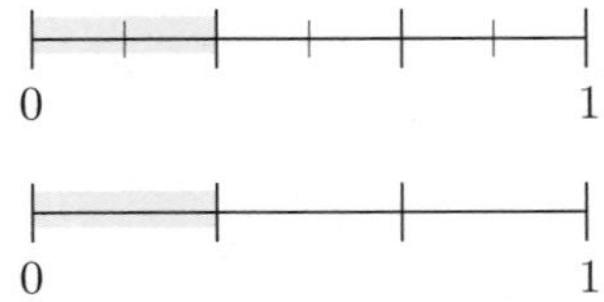

$\frac{2}{6}$, $\frac{1}{3}$

선생님놀이

3 $\frac{2}{5}$의 분모와 분자에 2씩 곱하면 $\frac{4}{10}$가 되고 1을 10칸으로 나눈 것 중에 4칸을 색칠해요.
$\frac{2}{5}$의 분모와 분자에 3씩 곱하면 $\frac{6}{15}$이 되고 1을 15칸으로 나눈 것 중에 6칸을 색칠해요.
따라서 $\frac{2}{5}$, $\frac{4}{10}$, $\frac{6}{15}$은 크기가 같은 분수예요.

6 $\frac{4}{12}$의 분모와 분자를 2로 나누면 $\frac{2}{6}$가 되고 1을 6칸으로 나눈 것 중에 2칸을 색칠해요.
$\frac{4}{12}$의 분모와 분자를 4로 나누면 $\frac{1}{3}$이 되고 1을 3칸으로 나눈 것 중에 1칸을 색칠해요.
따라서 $\frac{4}{12}$, $\frac{2}{6}$, $\frac{1}{3}$은 크기가 같은 분수예요.

개념 다지기 069쪽

1 $\frac{4}{6}=\frac{6}{9}=\frac{8}{12}$
2 $\frac{6}{12}=\frac{4}{8}=\frac{3}{6}$
3 $\frac{8}{10}=\frac{12}{15}=\frac{16}{20}$
4 $\frac{12}{16}=\frac{6}{8}=\frac{3}{4}$
5 $\frac{6}{16}=\frac{9}{24}=\frac{12}{32}$
6 $\frac{6}{21}=\frac{4}{14}=\frac{2}{7}$
7 $\frac{4}{14}=\frac{6}{21}=\frac{8}{28}$
8 $\frac{28}{32}=\frac{14}{16}=\frac{7}{8}$
9 $\frac{10}{18}=\frac{15}{27}=\frac{20}{36}$
10 $\frac{14}{35}=\frac{4}{10}=\frac{2}{5}$
11 $\frac{14}{24}=\frac{21}{36}=\frac{28}{48}$
12 $\frac{24}{42}=\frac{16}{28}=\frac{12}{21}$

선생님놀이

5 $\frac{3}{8}$의 분모와 분자에 2, 3, 4를 각각 곱하여 크기가 같은 분수를 만들면 $\frac{3}{8}=\frac{6}{16}=\frac{9}{24}=\frac{12}{32}$예요.

6 $\frac{12}{42}$의 분모와 분자를 42와 12의 공약수인 2, 3, 6으로 각각 나눠서 크기가 같은 분수를 만들면 $\frac{12}{42}=\frac{6}{21}=\frac{4}{14}=\frac{2}{7}$예요.

개념 키우기 070쪽

1 $\frac{8}{18}$, $\frac{16}{36}$

2 (1) ㉣ (2) ㉢ (3) ㉡

1 색칠된 부분은 전체의 $\frac{4}{9}$이므로 크기가 같은 분수를 찾으면 $\frac{4}{9}=\frac{4\times2}{9\times2}=\frac{8}{18}$, $\frac{4}{9}=\frac{4\times4}{9\times4}=\frac{16}{36}$입니다.

2 (1) 다현이는 $\frac{22}{33}=\frac{22\div11}{33\div11}=\frac{2}{3}$(L)를 마셨습니다.
$\frac{2}{3}=\frac{2\times2}{3\times2}=\frac{4}{6}$이므로 음료수 ㉣의 양과 같습니다.

(2) 주현이는 $\frac{18}{45}=\frac{18\div9}{45\div9}=\frac{2}{5}$(L)를 마셨으므로, 음료수 ㉰의 양과 같습니다.

(3) 혜인이는 $\frac{32}{56}=\frac{32\div8}{56\div8}=\frac{4}{7}$(L)를 마셨으므로, 음료수 ㉯의 양과 같습니다.

개념 다시보기 **071쪽**

1 $\frac{3}{3}$, 12; 12　2 $\frac{3}{3}$, 9; 9
3 $\frac{3}{3}$, 8; 8　4 $\frac{2}{2}$, 8; 8
5 $\frac{5}{5}$, 3　6 $\frac{3}{3}$, 39
7 24, 36　8 18, 16

도전해 보세요 **071쪽**

1 ㉮, ㉱, ㉲　2 (1) $\frac{1}{4}$　(2) $\frac{4}{5}$

1 바구니의 무게를 분모와 분자의 최대공약수로 각각 나누면 크기가 같은 분수를 만들 수 있습니다. ㉮ $\frac{21}{27}=\frac{21\div3}{27\div3}=\frac{7}{9}$, ㉯ $\frac{24}{30}=\frac{24\div6}{30\div6}=\frac{4}{5}$, ㉰ $\frac{27}{36}=\frac{27\div9}{36\div9}=\frac{3}{4}$, ㉱ $\frac{42}{54}=\frac{42\div6}{54\div6}=\frac{7}{9}$, ㉲ $\frac{35}{45}=\frac{35\div5}{45\div5}=\frac{7}{9}$, ㉳ $\frac{6}{9}=\frac{6\div3}{9\div3}=\frac{2}{3}$이므로 ㉮, ㉱, ㉲의 무게가 모두 같습니다.

2 분모가 가장 작은 분수로 나타내려면 분자, 분모를 두 수의 최대공약수로 나누어야 합니다.
(1) 16과 4의 최대공약수는 4이므로 $\frac{4}{16}=\frac{4\div4}{16\div4}=\frac{1}{4}$입니다.
(2) 24와 30의 최대공약수는 6이므로 $\frac{24}{30}=\frac{24\div6}{30\div6}=\frac{4}{5}$입니다.

11단계 분수를 간단하게 나타내기

배운 것을 기억해 볼까요? **072쪽**

1 $\frac{3}{3}$, 6　2 $\frac{6}{6}$, 2　3 56　4 8

개념 익히기 **073쪽**

1 4, 2　2 6, 3　3 6, 2
4 4, 2, 1　5 12, 6, 3　6 15, 10, 5
7 22, 2　8 16, 12, 4, 3　9 18, 3, 2

개념 다지기 **074쪽**

1 $\frac{2}{2}$, $\frac{2}{3}$　2 $\frac{6}{6}$, $\frac{2}{3}$　3 $\frac{2}{2}$, $\frac{5}{6}$
4 $\frac{3}{3}$, 24　5 $\frac{3}{3}$, $\frac{2}{9}$　6 $\frac{5}{5}$, $\frac{3}{8}$
7 $\frac{2}{2}$, 108　8 $\frac{6}{6}$, $\frac{4}{5}$　9 $\frac{5}{5}$, $\frac{3}{7}$
10 $\frac{13}{13}$, $\frac{1}{3}$　11 $\frac{17}{17}$, $\frac{1}{3}$　12 $\frac{8}{8}$, $\frac{5}{8}$
13 $\frac{9}{9}$, $\frac{5}{8}$　14 $\frac{8}{8}$, $\frac{3}{10}$

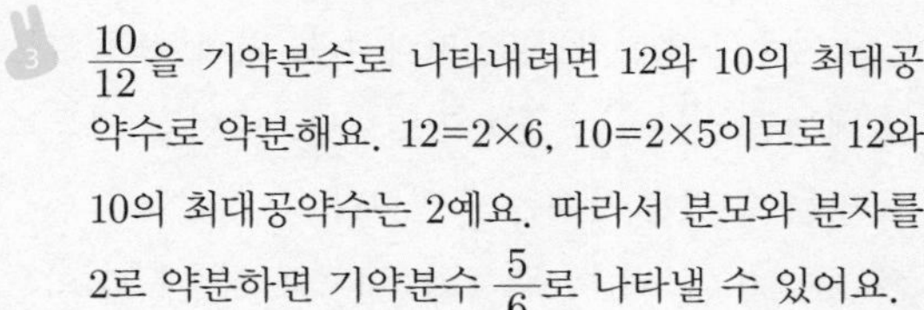

3 $\frac{10}{12}$을 기약분수로 나타내려면 12와 10의 최대공약수로 약분해요. 12=2×6, 10=2×5이므로 12와 10의 최대공약수는 2예요. 따라서 분모와 분자를 2로 약분하면 기약분수 $\frac{5}{6}$로 나타낼 수 있어요.

13 $\frac{45}{72}$를 기약분수로 나타내려면 72와 45의 최대공약수로 약분을 해요. 72=8×9, 45=5×9이므로 72와 45의 최대공약수는 9예요. 따라서 분모와 분자를 9로 약분하면 기약분수 $\frac{5}{8}$로 나타낼 수 있어요.

개념 다지기 **075쪽**

1 $\frac{2}{3}$　2 $\frac{1}{4}$　3 $\frac{2}{5}$　4 $\frac{2}{3}$　5 $\frac{2}{3}$　6 $\frac{4}{9}$
7 $\frac{2}{3}$　8 $\frac{9}{16}$　9 $\frac{1}{2}$　10 $\frac{13}{20}$　11 $\frac{5}{9}$　12 $\frac{3}{4}$

5 $\frac{24}{36}$를 기약분수로 나타내려면 36과 24의 최대공약수로 약분해요. 36=3×12, 24=2×12이므

로 36과 24의 최대공약수는 12예요. 따라서 분모와 분자를 12로 약분하면 $\frac{2}{3}$예요.

9 $\frac{32}{64}$를 기약분수로 나타내려면 64와 32의 최대공약수로 약분해요. $64=2\times32$, $32=1\times32$이므로 64와 32의 최대공약수는 32예요. 따라서 분모와 분자를 32로 약분하면 $\frac{1}{2}$이에요.

개념 키우기 **076쪽**

1 $\frac{4}{6}$

2 (1) $\frac{4}{5}$, 어울리는에 ○표

(2) 어울리지 않는 음

(3) 어울리지 않는 음

1 $\frac{16}{24}$을 크기가 같은 분수로 나타내려면 16과 24의 공약수로 약분합니다. 따라서 1, 2, 4, 8로 약분해보면 $\frac{16}{24}=\frac{8}{12}=\frac{4}{6}=\frac{2}{3}$입니다. 주어진 카드로 만들 수 있는 분수는 $\frac{4}{6}$입니다.

2 (1) $330=5\times66$, $264=4\times66$이므로, 330과 264의 최대공약수는 66입니다. $\frac{264}{330}=\frac{264\div66}{330\div66}=\frac{4}{5}$이므로 분모와 분자가 모두 7보다 작습니다. 따라서, '도'와 '미'는 잘 어울리는 음입니다.

(2) $352=11\times32$, $297=11\times27$이므로, 352와 297의 최대공약수는 11입니다. $\frac{297}{352}=\frac{297\div11}{352\div11}=\frac{27}{32}$이므로 분자와 분모가 모두 7보다 큽니다. 따라서, '레'와 '파'는 잘 어울리지 않는 음입니다.

(3) '파'의 진동수를 분자로, '솔'의 진동수를 분모로 하여 분수를 만들면 $\frac{352}{396}$입니다. $396=3\times3\times4\times11$이고, $352=11\times4\times8$이므로, 396과 352의 최대공약수는 44입니다. $\frac{352}{396}=\frac{352\div44}{396\div44}=\frac{8}{9}$이므로 분자와 분모가 모두 7보다 큽니다. 따라서, '파'와 '솔'은 잘 어울리지 않는 음입니다.

개념 다시보기 **077쪽**

1 $\frac{3}{3}$, $\frac{1}{3}$　2 $\frac{2}{2}$, $\frac{3}{8}$　3 $\frac{8}{8}$, $\frac{1}{3}$

4 $\frac{5}{5}$, $\frac{2}{5}$　5 $\frac{7}{7}$, $\frac{3}{7}$　6 $\frac{14}{14}$, $\frac{3}{4}$

7 $\frac{1}{3}$　8 $\frac{2}{3}$　9 $\frac{2}{7}$　10 $\frac{1}{3}$

도전해 보세요 **077쪽**

1 2, 4, 8　2 $\frac{15}{40}$

1 분수를 약분할 수 있는 수는 분모와 분자의 공약수입니다. 16과 24의 공약수는 1, 2, 4, 8이므로, $\frac{16}{24}$을 약분할 수 있는 수 카드는 2, 4, 8입니다.

2 3과 8의 합이 11이고 11×5=55이므로, $\frac{3}{8}$의 분모와 분자에 5를 곱합니다. 따라서 $\frac{3}{8}=\frac{3\times5}{8\times5}=\frac{15}{40}$입니다.

12단계 분모가 같은 분수로 나타내기

배운 것을 기억해 볼까요? **078쪽**

1 6, 12; 6　2 3, 8, 1

개념 익히기 **079쪽**

1 $\frac{9}{9}$, $\frac{3}{3}$, $\frac{18}{27}$, $\frac{15}{27}$　2 $\frac{10}{10}$, $\frac{4}{4}$, $\frac{10}{40}$, $\frac{12}{40}$

3 $\frac{6}{6}$, $\frac{9}{9}$, $\frac{24}{54}$, $\frac{9}{54}$　4 $\frac{9}{9}$, $\frac{3}{3}$, $\frac{18}{27}$, $\frac{15}{27}$

5 $\frac{10}{10}$, $\frac{4}{4}$, $\frac{10}{40}$, $\frac{12}{40}$　6 $\frac{6}{6}$, $\frac{9}{9}$, $\frac{24}{54}$, $\frac{9}{54}$

개념 다지기 **080쪽**

1 $\frac{3}{3}$, $\frac{1}{1}$, $\frac{3}{6}$, $\frac{5}{6}$　2 $\frac{2}{2}$, $\frac{1}{1}$, $\frac{6}{8}$, $\frac{5}{8}$

3 $\frac{6}{6}$, $\frac{5}{5}$, $\frac{12}{30}$, $\frac{25}{30}$　4 $\frac{3}{3}$, $\frac{5}{5}$, $\frac{24}{45}$, $\frac{40}{45}$

5 $\frac{7}{7}$, $\frac{1}{1}$, $\frac{14}{21}$, $\frac{4}{21}$

6 $\frac{6}{6}$, $\frac{7}{7}$, $\frac{54}{84}$, $\frac{49}{84}$

7 $\frac{5}{5}$, $\frac{2}{2}$, $\frac{15}{50}$, $\frac{8}{50}$

8 $\frac{4}{4}$, $\frac{1}{1}$, $\frac{20}{52}$, $\frac{7}{52}$

선생님놀이

5와 6의 최소공배수인 30으로 통분해요. $\frac{2}{5}$의 분모와 분자에 6을 곱하면 $\frac{2}{5}=\frac{2\times6}{5\times6}$ $=\frac{12}{30}$이고, $\frac{5}{6}$의 분모와 분자에 5를 곱하면 $\frac{5}{6}=\frac{5\times5}{6\times5}=\frac{25}{30}$예요.

10과 25의 최소공배수인 50으로 통분해요. $\frac{3}{10}$의 분모와 분자에 5를 곱하면 $\frac{3}{10}=\frac{3\times5}{10\times5}$ $=\frac{15}{50}$이고, $\frac{4}{25}$의 분모와 분자에 2를 곱하면 $\frac{4}{25}=\frac{4\times2}{25\times2}=\frac{8}{50}$이에요.

개념 다지기 081쪽

1 $\left(\frac{4}{5}, \frac{9}{10}\right) \Rightarrow \left(\frac{4\times10}{5\times10}, \frac{9\times5}{10\times5}\right) \Rightarrow \left(\frac{40}{50}, \frac{45}{50}\right)$

2 $\left(\frac{3}{4}, \frac{1}{6}\right) \Rightarrow \left(\frac{3\times6}{4\times6}, \frac{1\times4}{6\times4}\right) \Rightarrow \left(\frac{18}{24}, \frac{4}{24}\right)$

3 $\left(\frac{5}{6}, \frac{2}{9}\right) \Rightarrow \left(\frac{5\times9}{6\times9}, \frac{2\times6}{9\times6}\right) \Rightarrow \left(\frac{45}{54}, \frac{12}{54}\right)$

4 $\left(\frac{2}{3}, \frac{5}{12}\right) \Rightarrow \left(\frac{2\times12}{3\times12}, \frac{5\times3}{12\times3}\right) \Rightarrow \left(\frac{24}{36}, \frac{15}{36}\right)$

5 $\left(\frac{3}{14}, \frac{4}{7}\right) \Rightarrow \left(\frac{3}{14}, \frac{4\times2}{7\times2}\right) \Rightarrow \left(\frac{3}{14}, \frac{8}{14}\right)$

6 $\left(\frac{7}{10}, \frac{3}{8}\right) \Rightarrow \left(\frac{7\times4}{10\times4}, \frac{3\times5}{8\times5}\right) \Rightarrow \left(\frac{28}{40}, \frac{15}{40}\right)$

7 $\left(\frac{2}{15}, \frac{4}{9}\right) \Rightarrow \left(\frac{2\times3}{15\times3}, \frac{4\times5}{9\times5}\right) \Rightarrow \left(\frac{6}{45}, \frac{20}{45}\right)$

8 $\left(\frac{5}{24}, \frac{9}{32}\right) \Rightarrow \left(\frac{5\times4}{24\times4}, \frac{9\times3}{32\times3}\right) \Rightarrow \left(\frac{20}{96}, \frac{27}{96}\right)$

선생님놀이

두 분모의 곱으로 통분해요. $\frac{2}{3}$의 분모와 분자에 12를 곱하면 $\frac{2}{3}=\frac{2\times12}{3\times12}=\frac{24}{36}$이고, $\frac{5}{12}$의 분모와 분자에 3을 곱하면 $\frac{5}{12}=\frac{5\times3}{12\times3}=\frac{15}{36}$예요.

24와 32의 최소공배수인 96으로 통분해요. $\frac{5}{24}$의 분모와 분자에 4를 곱하면 $\frac{5}{24}=\frac{5\times4}{24\times4}$ $=\frac{20}{96}$이고, $\frac{9}{32}$의 분모와 분자에 3을 곱하면 $\frac{9}{32}=\frac{9\times3}{32\times3}=\frac{27}{96}$이에요.

개념 키우기 082쪽

1 파란색 테이프

2 (1) 105

(2) $\left(\frac{49}{105}, \frac{50}{105}\right)$

(3) 105, 210, 315, 420

1 18과 12의 최소공배수인 36으로 통분합니다. $\left(\frac{7}{18}, \frac{5}{12}\right) \rightarrow \left(\frac{7\times2}{18\times2}, \frac{5\times3}{12\times3}\right) \rightarrow \left(\frac{14}{36}, \frac{15}{36}\right)$이므로 파란색 테이프가 더 깁니다.

2 (1) 가장 작은 공통분모는 15와 21의 최소공배수입니다. $15=3\times5$, $21=3\times7$이므로 15와 21의 최소공배수는 $3\times5\times7=105$입니다.

(2) 분모를 105로 통분합니다. $\frac{7}{15}$의 분모와 분자에 7을 곱하고, $\frac{10}{21}$의 분모와 분자에 5를 곱합니다. 따라서 $\left(\frac{7}{15}, \frac{10}{21}\right) \rightarrow \left(\frac{7\times7}{15\times7}, \frac{10\times5}{21\times5}\right)$ $\rightarrow \left(\frac{49}{105}, \frac{50}{105}\right)$입니다.

(3) 105의 배수 중에서 500보다 작은 수를 구하면 105, 210, 315, 420입니다.

개념 다시보기 083쪽

1 방법1 $\left(\frac{40}{48}, \frac{18}{48}\right)$ 방법2 $\left(\frac{20}{24}, \frac{9}{24}\right)$

2 방법1 $\left(\frac{80}{200}, \frac{45}{200}\right)$ 방법2 $\left(\frac{16}{40}, \frac{9}{40}\right)$

3 방법1 $\left(\frac{60}{135}, \frac{99}{135}\right)$ 방법2 $\left(\frac{20}{45}, \frac{33}{45}\right)$

4 방법1 $\left(\frac{84}{216}, \frac{90}{216}\right)$ 방법2 $\left(\frac{14}{36}, \frac{15}{36}\right)$

5 방법1 $\left(\frac{14}{336}, \frac{72}{336}\right)$ 방법2 $\left(\frac{7}{168}, \frac{36}{168}\right)$

6 **방법1** $\left(\frac{225}{500}, \frac{120}{500}\right)$ **방법2** $\left(\frac{45}{100}, \frac{24}{100}\right)$

도전해 보세요 083쪽

1 $\left(1\frac{96}{144}, 2\frac{45}{144}\right)$ 2 12

1 24와 16의 최소공배수는 $8\times3\times2=48$입니다. 48의 배수 중에서 100보다 크고 150보다 작은 수는 144이므로 공통분모를 144로 하여 통분하면 $1\frac{16}{24}$의 분모와 분자에 6을 곱하고, $2\frac{5}{16}$의 분모와 분자에 9를 곱합니다. 따라서 $\left(1\frac{16}{24}, 2\frac{5}{16}\right)\rightarrow\left(1\frac{16\times6}{24\times6}, 2\frac{5\times9}{16\times9}\right)\rightarrow\left(1\frac{96}{144}, 2\frac{45}{144}\right)$입니다.

2 12와 30의 최소공배수인 $6\times2\times5=60$으로 통분하면 $\frac{5}{12}$의 분모와 분자에 5를 곱하고, $\frac{\square}{30}$의 분모와 분자에 2를 곱합니다. 따라서 $\frac{5}{12}>\frac{\square}{30}\rightarrow\frac{5\times5}{12\times5}>\frac{\square\times2}{30\times2}\rightarrow\frac{25}{60}>\frac{\square\times2}{60}$이고, $25>\square\times2$이므로 $\square$ 안에 들어갈 수 있는 수는 1, 2, 3, ⋯, 11, 12입니다.

13단계 분수의 크기 비교

배운 것을 기억해 볼까요? 084쪽

1 8, 3 2 24, 15

개념 익히기 085쪽

1 $\frac{4}{4}$, 7, 8, 7; > 2 $\frac{5}{5}$, $\frac{2}{2}$, 15, 18; <

3 $\frac{9}{9}$, $\frac{5}{5}$, 36, 35; > 4 $\frac{4}{4}$, $\frac{3}{3}$, 20, 21; <

5 $\frac{3}{3}$, $\frac{2}{2}$, 27, 32; < 6 $\frac{3}{3}$, $\frac{2}{2}$, 39, 34; >

7 $\frac{7}{7}$, $\frac{3}{3}$, 35, 42; < 8 $\frac{6}{6}$, $\frac{5}{5}$, 54, 55; <

개념 다지기 086쪽

1 8, 5; > 2 8, 9; < 3 15, 8; >

4 27, 35; < 5 10, 9; > 6 35, 52; <

7 $\frac{27}{90}$, $\frac{35}{90}$; < 8 $\frac{38}{60}$, $\frac{35}{60}$; > 9 $2\frac{9}{12}$, $2\frac{8}{12}$; >

10 $1\frac{21}{72}$, $1\frac{26}{72}$; <

선생님놀이

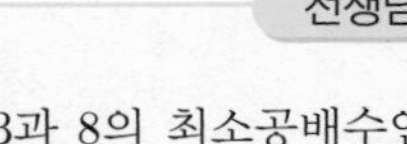

2 3과 8의 최소공배수인 24로 통분하면 $\frac{1}{3}=\frac{1\times8}{3\times8}=\frac{8}{24}$, $\frac{3}{8}=\frac{3\times3}{8\times3}=\frac{9}{24}$이므로, $\frac{1}{3}<\frac{3}{8}$이에요.

8 30과 12의 최소공배수인 60으로 통분하면 $\frac{19}{30}=\frac{19\times2}{30\times2}=\frac{38}{60}$, $\frac{7}{12}=\frac{7\times5}{12\times5}=\frac{35}{60}$이므로, $\frac{19}{30}>\frac{7}{12}$이에요.

개념 다지기 087쪽

1 $>;\left(\frac{3}{5}, \frac{8}{15}\right)\Rightarrow\left(\frac{3\times3}{5\times3}, \frac{8}{15}\right)\Rightarrow\left(\frac{9}{15}, \frac{8}{15}\right)$

2 $<;\left(\frac{2}{3}, \frac{3}{4}\right)\Rightarrow\left(\frac{2\times4}{3\times4}, \frac{3\times3}{4\times3}\right)\Rightarrow\left(\frac{8}{12}, \frac{9}{12}\right)$

3 $<;\left(\frac{5}{6}, \frac{7}{8}\right)\Rightarrow\left(\frac{5\times4}{6\times4}, \frac{7\times3}{8\times3}\right)\Rightarrow\left(\frac{20}{24}, \frac{21}{24}\right)$

4 $>;\left(\frac{8}{9}, \frac{9}{12}\right)\Rightarrow\left(\frac{8\times4}{9\times4}, \frac{9\times3}{12\times3}\right)\Rightarrow\left(\frac{32}{36}, \frac{27}{36}\right)$

5 $<;\left(\frac{3}{8}, \frac{7}{10}\right)\Rightarrow\left(\frac{3\times5}{8\times5}, \frac{7\times4}{10\times4}\right)\Rightarrow\left(\frac{15}{40}, \frac{28}{40}\right)$

6 $<;\left(\frac{8}{15}, \frac{13}{20}\right)\Rightarrow\left(\frac{8\times4}{15\times4}, \frac{13\times3}{20\times3}\right)\Rightarrow\left(\frac{32}{60}, \frac{39}{60}\right)$

7 $>;\left(\frac{17}{18}, \frac{11}{12}\right)\Rightarrow\left(\frac{17\times2}{18\times2}, \frac{11\times3}{12\times3}\right)\Rightarrow\left(\frac{34}{36}, \frac{33}{36}\right)$

8 $<;\left(1\frac{3}{6}, 1\frac{5}{9}\right)\Rightarrow\left(1\frac{3\times3}{6\times3}, 1\frac{5\times2}{9\times2}\right)\Rightarrow\left(1\frac{9}{18}, 1\frac{10}{18}\right)$

9 $<;\left(\frac{12}{21}, \frac{28}{45}\right)\Rightarrow\left(\frac{12\times15}{21\times15}, \frac{28\times7}{45\times7}\right)\Rightarrow\left(\frac{180}{315}, \frac{196}{315}\right)$

10 $>;\left(\frac{9}{16}, \frac{11}{40}\right)\Rightarrow\left(\frac{9\times5}{16\times5}, \frac{11\times2}{40\times2}\right)\Rightarrow\left(\frac{45}{80}, \frac{22}{80}\right)$

11 $>;\left(2\frac{9}{14}, 2\frac{16}{35}\right)\Rightarrow\left(2\frac{9\times5}{14\times5}, 2\frac{16\times2}{35\times2}\right)\Rightarrow\left(2\frac{45}{70}, 2\frac{32}{70}\right)$

12 $<;\left(\frac{7}{12}, \frac{23}{30}\right)\Rightarrow\left(\frac{7\times5}{12\times5}, \frac{23\times2}{30\times2}\right)\Rightarrow\left(\frac{35}{60}, \frac{46}{60}\right)$

선생님놀이

6과 8의 최소공배수인 24로 통분하면 $\frac{5}{6}=\frac{5\times4}{6\times4}=\frac{20}{24}$, $\frac{7}{8}=\frac{7\times3}{8\times3}=\frac{21}{24}$이므로, $\frac{5}{6}<\frac{7}{8}$이에요.

대분수의 자연수 부분이 1로 같으므로 $\frac{3}{6}$과 $\frac{5}{9}$의 크기를 비교해요. 6과 9의 최소공배수인 18로 통분하면 $\frac{3}{6}=\frac{3\times3}{6\times3}=\frac{9}{18}$, $\frac{5}{9}=\frac{5\times2}{9\times2}=\frac{10}{18}$이므로, $1\frac{3}{6}<1\frac{5}{9}$예요.

개념 키우기 **088쪽**

1 파란색 테이프

2 (1) $\frac{10}{14}$, $\frac{11}{14}$; <

(2) 다현 (3) 지우 (4) 지우

1 세 분수의 비교는 두 분수씩 차례로 비교합니다. 먼저, 노란색 테이프와 파란색 테이프의 길이를 비교합니다. 9와 15의 최소공배수인 45로 통분하면 $\left(\frac{7}{9}, \frac{13}{15}\right)\to\left(\frac{7\times5}{9\times5}, \frac{13\times3}{15\times3}\right)\to\left(\frac{35}{45}, \frac{39}{45}\right)$입니다. 따라서 노란색 테이프보다 파란색 테이프를 더 많이 사용하였습니다.

파란색 테이프와 주황색 테이프의 길이를 비교합니다. 15와 21의 최소공배수인 105로 통분하면 $\left(\frac{13}{15}, \frac{17}{21}\right)\to\left(\frac{13\times7}{15\times7}, \frac{17\times5}{21\times5}\right)\to\left(\frac{91}{105}, \frac{85}{105}\right)$입니다. 따라서 파란색 테이프를 주황색 테이프보다 더 많이 사용했고, 가장 많이 사용한 테이프는 파란색 테이프입니다.

2 (1) 7과 14의 최소공배수인 14로 통분하면 $\left(\frac{5}{7}, \frac{11}{14}\right)\to\left(\frac{10}{14}, \frac{11}{14}\right)$이므로 $\frac{5}{7}<\frac{11}{14}$입니다.

(2) 14와 21의 최소공배수인 42로 통분하면 $\left(\frac{11}{14}, \frac{16}{21}\right)\to\left(\frac{11\times3}{14\times3}, \frac{16\times2}{21\times2}\right)\to\left(\frac{33}{42}, \frac{32}{42}\right)$이므로 $\frac{11}{14}>\frac{16}{21}$입니다. 다현이네가 민지네 보다 학교까지의 거리가 더 가깝습니다.

(3) 7과 21의 최소공배수인 21로 통분하면 $\left(\frac{5}{7}, \frac{16}{21}\right)\to\left(\frac{5\times3}{7\times3}, \frac{16}{21}\right)\to\left(\frac{15}{21}, \frac{16}{21}\right)$이므로 $\frac{5}{7}<\frac{16}{21}$입니다. 지우네가 다현이네 보다 학교까지의 거리가 더 가깝습니다.

(4) $\frac{5}{7}<\frac{16}{21}<\frac{11}{14}$이므로, 학교에서 지우의 집이 가장 가깝습니다.

개념 다시보기 **089쪽**

1 6, 5; >
2 $\frac{5}{6}$, $\frac{4}{6}$; >
3 $\frac{27}{45}$, $\frac{20}{45}$; >
4 $\frac{54}{60}$, $\frac{55}{60}$; <
5 >
6 <
7 $\frac{4}{7}$, $\frac{5}{8}$, $\frac{2}{3}$
8 $\frac{4}{5}$, $\frac{7}{10}$, $\frac{5}{8}$

도전해 보세요 **089쪽**

1 $\frac{12}{18}$, $\frac{14}{35}$, $\frac{16}{72}$, $\frac{8}{52}$
2 4개

1 먼저 분수를 기약분수로 나타내면 $\frac{16}{72}=\frac{2}{9}$, $\frac{12}{18}=\frac{2}{3}$, $\frac{8}{52}=\frac{2}{13}$, $\frac{14}{35}=\frac{2}{5}$입니다. $\frac{2}{9}$, $\frac{2}{3}$, $\frac{2}{13}$, $\frac{2}{5}$의 분자가 모두 2이므로, 분모가 작을수록 큰 분수입니다. 따라서, $\frac{2}{13}<\frac{2}{9}<\frac{2}{5}<\frac{2}{3}$이므로 $\frac{8}{52}<\frac{16}{72}<\frac{14}{35}<\frac{12}{18}$입니다.

2 두 분수씩 통분하여 비교합니다. 14와 63의 최소공배수인 126으로 통분하면 $\frac{5}{14}<\frac{\square}{63}\to\frac{5\times9}{14\times9}<\frac{\square\times2}{63\times2}\to\frac{45}{126}<\frac{\square\times2}{126}$ 이므로 $45<\square\times2$ 입니다. 또 63과 7의 최소공배수인 63으로 통분하면 $\frac{\square}{63}<\frac{3}{7}\to\frac{\square}{63}<\frac{27}{63}$ 이므로 $\square<27$입니다. 따라서 $45<\square\times2<54$ 이므로 $\square$ 안에 들어갈 알맞은 수는 23, 24, 25, 26입니다.

14단계 분수와 소수의 크기 비교하기

배운 것을 기억해 볼까요? 090쪽

1 (1) 25, 21 (2) 16, 15
2 (1) > (2) <

개념 익히기 091쪽

1 0.5, <; 6, 5, 6, <
2 0.8, >; 9, 9, 8, >
3 0.75, >; 7, 15, 14, >
4 0.6, <; 5, 5, 6, <

개념 다지기 092쪽

1 0.2; <
2 $\frac{8}{10}$, 20, 24; <
3 0.6; =
4 $\frac{5}{10}$, 50, 35; >
5 0.875; >
6 $\frac{2}{10}$, 5, 6; <
7 0.45; <
8 $\frac{4}{10}$, 25, 24; >

선생님놀이

$\frac{3}{5}$을 소수로 나타내면 $\frac{3}{5}=\frac{3\times2}{5\times2}=\frac{6}{10}=0.6$이에요. 0.6=0.6이므로, $\frac{3}{5}=0.6$이에요.

1.2를 분수로 나타내면 $1.2=1\frac{2}{10}$예요.
$1\frac{1}{6}$과 $1\frac{2}{10}$를 통분하면 $1\frac{1}{6}=1\frac{1\times5}{6\times5}=1\frac{5}{30}$, $1\frac{2}{10}=1\frac{2\times3}{10\times3}=1\frac{6}{30}$이므로, $1\frac{1}{6}<1.2$예요.

개념 다지기 093쪽

1 > 2 < 3 > 4 > 5 >
6 < 7 < 8 = 9 > 10 >
11 > 12 = 13 < 14 >

선생님놀이

0.7을 분수로 나타내면 $0.7=\frac{7}{10}$이에요. $\frac{14}{15}$와 $\frac{7}{10}$을 통분하면 $\frac{14}{15}=\frac{14\times2}{15\times2}=\frac{28}{30}$, $\frac{7}{10}=\frac{7\times3}{10\times3}=\frac{21}{30}$이므로, $\frac{14}{15}>0.7$이에요.

8 0.32를 분수로 나타내면 $0.32=\frac{32}{100}$예요. $\frac{8}{25}$과 $\frac{32}{100}$를 통분하면 $\frac{8}{25}=\frac{8\times4}{25\times4}=\frac{32}{100}$, $0.32=\frac{32}{100}$이므로, $\frac{8}{25}=0.32$예요.

개념 키우기 094쪽

1 ㉯
2 (1) 예리 (2) 수민 (3) 예리, 현지, 수민

1 $\frac{13}{25}$을 소수로 나타내면 $\frac{13}{25}=\frac{13\times4}{25\times4}=\frac{52}{100}=0.52$입니다. 0.52<0.68이므로 ㉯에 우유가 더 많이 들어 있습니다.

2 세 분수의 비교는 두 분수씩 통분하여 차례로 비교합니다. 먼저 지수네 집에서 수민이네와 예리네의 거리를 비교하면 $\left(\frac{10}{11}, 0.85\right)\rightarrow\left(\frac{10}{11}, \frac{85}{100}\right)\rightarrow\left(\frac{10}{11}, \frac{17}{20}\right)\rightarrow\left(\frac{200}{220}, \frac{187}{220}\right)$입니다. 따라서 수민이네가 예리네 보다 더 멀리 있습니다.

현지네와 예리네에서 지수네 집까지의 거리를 비교하면 $\left(\frac{8}{9}, 0.85\right)\rightarrow\left(\frac{8}{9}, \frac{85}{100}\right)\rightarrow\left(\frac{8}{9}, \frac{17}{20}\right)\rightarrow\left(\frac{160}{180}, \frac{153}{180}\right)$입니다. 따라서 현지네가 예리네보다 더 멀리 있습니다.

수민이네와 현지네에서 지수네 집까지의 거리를 비교하면 $\left(\frac{10}{11}, \frac{8}{9}\right)\rightarrow\left(\frac{90}{99}, \frac{88}{99}\right)$입니다. 따라서 수민이네가 현지네보다 더 멀리 있습니다.

(1) 지수네 집에서 가장 가까운 친구의 집은 예리네 집입니다.
(2) 지수네 집에서 가장 먼 친구의 집은 수민이네 집입니다.
(3) 집이 가장 가까운 친구부터 순서대로 이름을 써 보면 예리, 현지, 수민입니다.

개념 다시보기 095쪽

1 > 2 < 3 < 4 < 5 <
6 > 7 < 8 < 9 <

도전해 보세요 095쪽

1 규성 2 0.74, $\frac{5}{9}$

1 자연수 부분을 비교하면 1 < 2이므로, 지민이의 가방이 가장 가볍습니다. 2.7 > 2.34이므로, 규성이의 가방이 연우 가방보다 무겁습니다. 규성이의 가방과 민수의 가방 무게를 비교하면 $\left(2.7, 2\frac{2}{3}\right) \to \left(2\frac{7}{10}, 2\frac{2}{3}\right) \to \left(2\frac{21}{30}, 2\frac{20}{30}\right) \to 2.7 > 2\frac{2}{3}$ 이므로, 규성이의 가방이 가장 무겁습니다.

2 $\frac{5}{12} < \frac{6}{12}$ 이므로 $\frac{5}{12} < \frac{1}{2}$ 입니다. 따라서 $\frac{5}{12}$는 조건을 만족하지 않습니다. $\frac{1}{2}=0.5$, $\frac{3}{4}=0.75$이므로, 0.74는 조건을 만족합니다. $\frac{5}{9} > \frac{5}{10}$ 이므로 $\frac{5}{9} > \frac{1}{2}$ 이고, $\frac{20}{36} < \frac{27}{36}$이므로 $\frac{5}{9} < \frac{3}{4}$ 입니다. 따라서 $\frac{5}{9}$는 조건을 만족합니다. $0.5=\frac{1}{2}$ 이므로 조건을 만족하지 않습니다.

15단계 분모가 다른 진분수의 덧셈

배운 것을 기억해 볼까요? 096쪽

1 $\frac{7}{9}$ 2 72, 72 3 <

개념 익히기 097쪽

1 $\frac{4}{4}$, $\frac{3}{3}$, 4, 3, $\frac{7}{12}$ 2 $\frac{9}{9}$, $\frac{5}{5}$, 18, 10, $\frac{28}{45}$

3 $\frac{7}{7}$, $\frac{4}{4}$, 21, 8, $\frac{29}{28}$, $1\frac{1}{28}$

4 $\frac{2}{2}$, 4, $\frac{7}{10}$ 5 $\frac{2}{2}$, 2, $\frac{7}{6}$, $1\frac{1}{6}$

6 $\frac{9}{9}$, $\frac{4}{4}$, 9, 16, $\frac{25}{36}$ 7 $\frac{3}{3}$, $\frac{2}{2}$, 9, 10, $\frac{19}{24}$

개념 다지기 098쪽

1 $\frac{2}{3}$ 2 $1\frac{5}{12}$ 3 $\frac{31}{35}$ 4 $\frac{6}{7}$ 5 $\frac{23}{40}$ 6 $\frac{2}{3}$

7 $\frac{8}{9}$ 8 $\frac{41}{42}$ 9 $1\frac{26}{45}$ 10 $1\frac{1}{36}$ 11 $\frac{13}{18}$ 12 $1\frac{5}{14}$

선생님놀이 

3 7과 5의 최소공배수인 35로 통분하여 더하면 $\frac{2}{7}+\frac{3}{5}=\frac{2\times5}{7\times5}+\frac{3\times7}{5\times7}=\frac{10}{35}+\frac{21}{35}=\frac{31}{35}$ 이에요.

10 9와 12의 최소공배수인 36으로 통분하여 더하면 $\frac{4}{9}+\frac{7}{12}=\frac{4\times4}{9\times4}+\frac{7\times3}{12\times3}=\frac{16}{36}+\frac{21}{36}=\frac{37}{36}=1\frac{1}{36}$ 이에요.

개념 다지기 099쪽

1 $\frac{2}{3}+\frac{1}{2}=\frac{2\times2}{3\times2}+\frac{1\times3}{2\times3}=\frac{4}{6}+\frac{3}{6}=\frac{7}{6}=1\frac{1}{6}$

2 $\frac{1}{4}+\frac{5}{6}=\frac{1\times3}{4\times3}+\frac{5\times2}{6\times2}=\frac{3}{12}+\frac{10}{12}=\frac{13}{12}=1\frac{1}{12}$

3 $\frac{2}{5}+\frac{3}{10}=\frac{2\times2}{5\times2}+\frac{3}{10}=\frac{4}{10}+\frac{3}{10}=\frac{7}{10}$

4 $\frac{1}{6}+\frac{3}{8}=\frac{1\times4}{6\times4}+\frac{3\times3}{8\times3}=\frac{4}{24}+\frac{9}{24}=\frac{13}{24}$

5 $\frac{3}{4}+\frac{5}{6}=\frac{3\times3}{4\times3}+\frac{5\times2}{6\times2}=\frac{9}{12}+\frac{10}{12}=\frac{19}{12}=1\frac{7}{12}$

6 $\frac{2}{5}+\frac{5}{8}=\frac{2\times8}{5\times8}+\frac{5\times5}{8\times5}=\frac{16}{40}+\frac{25}{40}=\frac{41}{40}=1\frac{1}{40}$

7 $\frac{2}{3}+\frac{7}{8}=\frac{2\times8}{3\times8}+\frac{7\times3}{8\times3}=\frac{16}{24}+\frac{21}{24}=\frac{37}{24}=1\frac{13}{24}$

8 $\frac{4}{5}+\frac{2}{7}=\frac{4\times7}{5\times7}+\frac{2\times5}{7\times5}=\frac{28}{35}+\frac{10}{35}=\frac{38}{35}=1\frac{3}{35}$

9 $\frac{4}{9}+\frac{5}{21}=\frac{4\times7}{9\times7}+\frac{5\times3}{21\times3}=\frac{28}{63}+\frac{15}{63}=\frac{43}{63}$

10 $\frac{5}{8}+\frac{7}{12}=\frac{5\times3}{8\times3}+\frac{7\times2}{12\times2}=\frac{15}{24}+\frac{14}{24}=\frac{29}{24}=1\frac{5}{24}$

선생님놀이

5와 8의 최소공배수인 40으로 통분하여 더하면
$\frac{2}{5}+\frac{5}{8}=\frac{2\times8}{5\times8}+\frac{5\times5}{8\times5}=\frac{16}{40}+\frac{25}{40}=\frac{41}{40}=1\frac{1}{40}$
이에요.

9와 21의 최소공배수인 63으로 통분하여 더하면
$\frac{4}{9}+\frac{5}{21}=\frac{4\times7}{9\times7}+\frac{5\times3}{21\times3}=\frac{28}{63}+\frac{15}{63}=\frac{43}{63}$이에요.

개념 키우기 **100쪽**

1 식: $\frac{2}{5}+\frac{1}{2}=\frac{9}{10}$ 답: $\frac{9}{10}$

2 (1) 식: $\frac{5}{8}+\frac{7}{10}=1\frac{13}{40}$ 답: $1\frac{13}{40}$

(2) 식: $\frac{3}{4}+\frac{7}{10}=1\frac{9}{20}$ 답: $1\frac{9}{20}$

1 준수와 지호가 마신 주스의 양을 더합니다.
따라서 $\frac{2}{5}+\frac{1}{2}=\frac{4}{10}+\frac{5}{10}=\frac{9}{10}$ (L)입니다.

2 (1) 혜린이네 집에서 공원까지의 거리와 공원에서 서점까지의 거리를 더합니다.
따라서 $\frac{5}{8}+\frac{7}{10}=\frac{25}{40}+\frac{28}{40}=\frac{53}{40}=1\frac{13}{40}$ (km)
입니다.

(2) 서윤이네 집에서 공원까지의 거리와 공원에서 서점까지의 거리를 더합니다.
따라서 $\frac{3}{4}+\frac{7}{10}=\frac{15}{20}+\frac{14}{20}=\frac{29}{20}=1\frac{9}{20}$ (km)
입니다.

개념 다시보기 **101쪽**

1 $\frac{5}{5}$, $\frac{2}{2}$, 5, 6, $\frac{11}{10}$, $1\frac{1}{10}$

2 $\frac{3}{3}$, $\frac{2}{2}$, 15, 8, $\frac{23}{18}$, $1\frac{5}{18}$

3 $\frac{3}{4}$ 4 $\frac{29}{30}$ 5 $\frac{3}{4}$ 6 $\frac{31}{36}$ 7 $\frac{17}{40}$ 8 $1\frac{3}{10}$

도전해 보세요 **101쪽**

1 $\frac{5}{6}$, $\frac{14}{15}$ 2 1, 2

1 동민이가 만든 분수는 $\frac{7}{12}$에 $\frac{1}{4}$을 더한 값입니다. 따라서 $\frac{7}{12}+\frac{1}{4}=\frac{7}{12}+\frac{3}{12}=\frac{10}{12}=\frac{5}{6}$입니다.
정우가 만든 분수는 $\frac{5}{6}$에 $\frac{1}{10}$을 더한 값입니다.
따라서 $\frac{5}{6}+\frac{1}{10}=\frac{25}{30}+\frac{3}{30}=\frac{28}{30}=\frac{14}{15}$입니다.

2 $\frac{\square}{6}+\frac{5}{9}<1$이므로 $\frac{\square}{6}<\frac{4}{9}$입니다. 따라서 6과 9의 최소공배수인 18로 통분하면 $\frac{\square\times3}{6\times3}<\frac{4\times2}{9\times2}$
$\rightarrow\frac{\square\times3}{18}<\frac{8}{18}$입니다. $\square\times3<8$이므로 $\square$ 안에 들어갈 수 있는 자연수는 1, 2입니다.

16단계 받아올림이 없는 대분수의 덧셈

배운 것을 기억해 볼까요? **102쪽**

1 7, 10 2 $1\frac{1}{10}$

개념 익히기 **103쪽**

1 $\frac{5}{5}$, $\frac{3}{3}$; 5, 6; 11, $3\frac{11}{15}$

2 6, 5, 6, 5, 11, $3\frac{11}{20}$

3 3, 10, 3, 10, 13, $5\frac{13}{18}$

4 7, 19, 7, $\frac{4}{4}$, 19, 28, 19, 47, $5\frac{7}{8}$

5 9, 37, 9, $\frac{5}{5}$, 37, $\frac{4}{4}$, 45, 148; 193, $9\frac{13}{20}$

개념 다지기 **104쪽**

1 $3\frac{11}{12}$ 2 $4\frac{11}{14}$ 3 $6\frac{23}{30}$

4 $5\frac{5}{8}$ 5 $7\frac{5}{6}$ 6 $3\frac{11}{15}$

⑦ $4\frac{7}{18}$ ⑧ $5\frac{13}{14}$ ⑨ $7\frac{37}{45}$

⑩ $4\frac{67}{84}$ ⑪ $9\frac{11}{36}$ ⑫ $7\frac{59}{100}$

선생님놀이

2 2와 7의 최소공배수인 14로 통분하여 자연수는 자연수끼리 분수는 분수끼리 계산하면

$3\frac{1}{2}+1\frac{2}{7}=3\frac{7}{14}+1\frac{4}{14}=(3+1)+\left(\frac{7}{14}+\frac{4}{14}\right)$

$=4+\frac{11}{14}=4\frac{11}{14}$이에요.

7 대분수를 가분수로 바꾸면 $3\frac{1}{6}+1\frac{2}{9}=\frac{19}{6}+\frac{11}{9}$ 이에요. 6과 9의 최소공배수인 18로 통분하여 더하면 $\frac{57}{18}+\frac{22}{18}=\frac{79}{18}=4\frac{7}{18}$이에요.

개념 다지기 105쪽

① $2\frac{1}{2}+3\frac{1}{4}=2\frac{2}{4}+3\frac{1}{4}=(2+3)+\left(\frac{2}{4}+\frac{1}{4}\right)$

$=5+\frac{3}{4}=5\frac{3}{4}$

② $1\frac{1}{3}+2\frac{1}{6}=1\frac{2}{6}+2\frac{1}{6}=(1+2)+\left(\frac{2}{6}+\frac{1}{6}\right)$

$=3+\frac{3}{6}=3\frac{3}{6}=3\frac{1}{2}$

③ $3\frac{1}{6}+4\frac{5}{9}=3\frac{3}{18}+4\frac{10}{18}=(3+4)+\left(\frac{3}{18}+\frac{10}{18}\right)$

$=7+\frac{13}{18}=7\frac{13}{18}$

④ $2\frac{1}{4}+4\frac{3}{10}=2\frac{5}{20}+4\frac{6}{20}=(2+4)+\left(\frac{5}{20}+\frac{6}{20}\right)$

$=6+\frac{11}{20}=6\frac{11}{20}$

⑤ $3\frac{2}{5}+2\frac{4}{25}=3\frac{10}{25}+2\frac{4}{25}=(3+2)+\left(\frac{10}{25}+\frac{4}{25}\right)$

$=5+\frac{14}{25}=5\frac{14}{25}$

⑥ $6\frac{7}{15}+3\frac{1}{10}=6\frac{14}{30}+3\frac{3}{30}=(6+3)+\left(\frac{14}{30}+\frac{3}{30}\right)$

$=9+\frac{17}{30}=9\frac{17}{30}$

⑦ $4\frac{2}{7}+3\frac{4}{9}=4\frac{18}{63}+3\frac{28}{63}=(4+3)+\left(\frac{18}{63}+\frac{28}{63}\right)$

$=7+\frac{46}{63}=7\frac{46}{63}$

⑧ $2\frac{1}{4}+3\frac{5}{14}=2\frac{7}{28}+3\frac{10}{28}=(2+3)+\left(\frac{7}{28}+\frac{10}{28}\right)$

$=5+\frac{17}{28}=5\frac{17}{28}$

⑨ $5\frac{5}{12}+4\frac{3}{16}=5\frac{20}{48}+4\frac{9}{48}=(5+4)+\left(\frac{20}{48}+\frac{9}{48}\right)$

$=9+\frac{29}{48}=9\frac{29}{48}$

⑩ $6\frac{3}{20}+5\frac{7}{24}=6\frac{18}{120}+5\frac{35}{120}=(6+5)+\left(\frac{18}{120}+\frac{35}{120}\right)$

$=11+\frac{53}{120}=11\frac{53}{120}$

선생님놀이

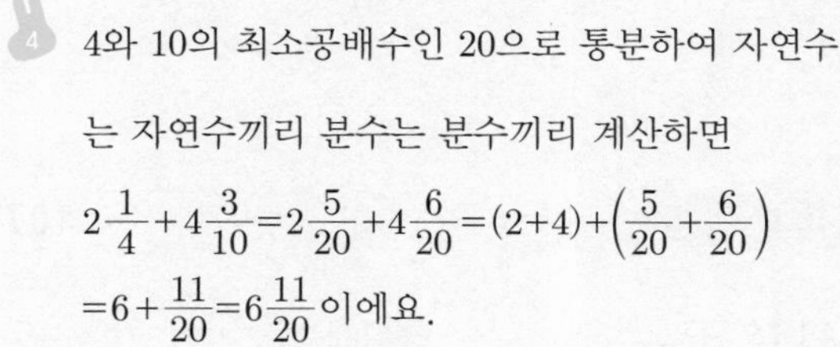
4 4와 10의 최소공배수인 20으로 통분하여 자연수는 자연수끼리 분수는 분수끼리 계산하면

$2\frac{1}{4}+4\frac{3}{10}=2\frac{5}{20}+4\frac{6}{20}=(2+4)+\left(\frac{5}{20}+\frac{6}{20}\right)$

$=6+\frac{11}{20}=6\frac{11}{20}$이에요.

9 12와 16의 최소공배수인 48로 통분하여 자연수는 자연수끼리 분수는 분수끼리 계산하면

$5\frac{5}{12}+4\frac{3}{16}=5\frac{20}{48}+4\frac{9}{48}=(5+4)+\left(\frac{20}{48}+\frac{9}{48}\right)$

$=9+\frac{29}{48}=9\frac{29}{48}$예요.

개념 키우기 106쪽

① 식: $5\frac{1}{6}+4\frac{5}{9}=9\frac{13}{18}$ 답: $9\frac{13}{18}$

② (1) 식: $3\frac{2}{5}+1\frac{1}{6}=4\frac{17}{30}$ 답: $4\frac{17}{30}$

(2) 식: $2\frac{3}{7}+1\frac{5}{14}=3\frac{11}{14}$ 답: $3\frac{11}{14}$

1 가은이네 반과 라온이네 반에서 사용한 찰흙의 양을 더합니다. 따라서 $5\frac{1}{6}+4\frac{5}{9}=5\frac{3}{18}+4\frac{10}{18}$ $=(5+4)+\left(\frac{3}{18}+\frac{10}{18}\right)=9+\frac{13}{18}=9\frac{13}{18}$(kg)입니다.

2 (1) 섞은 페인트의 양을 더합니다. 따라서

$3\frac{2}{5}+1\frac{1}{6}=3\frac{12}{30}+1\frac{5}{30}=(3+1)+\left(\frac{12}{30}+\frac{5}{30}\right)$

$=4+\frac{17}{30}=4\frac{17}{30}$(L)입니다.

(2) 섞은 페인트의 양을 더합니다. 따라서

$2\frac{3}{7}+1\frac{5}{14}=2\frac{6}{14}+1\frac{5}{14}=(2+1)+\left(\frac{6}{14}+\frac{5}{14}\right)$

$=3+\frac{11}{14}=3\frac{11}{14}$(L)입니다.

개념 다시보기 **107쪽**

1 5, 2, 5, 2, 7, $3\frac{7}{10}$

2 8, 16, 40, 48, 88, $5\frac{13}{15}$

3 $3\frac{27}{40}$ 4 $5\frac{10}{33}$ 5 $7\frac{29}{30}$ 6 $7\frac{9}{10}$

도전해 보세요 **107쪽**

1 $11\frac{11}{15}$ 2 4개

1 가장 큰 대분수를 만들려면 가장 큰 수를 자연수 부분에 씁니다. 따라서 태연이는 $5\frac{1}{3}$, 준수는 $6\frac{2}{5}$를 만들었습니다. 두 분수를 더하면

$5\frac{1}{3}+6\frac{2}{5}=5\frac{5}{15}+6\frac{6}{15}=(5+6)+\left(\frac{5}{15}+\frac{6}{15}\right)$

$=11+\frac{11}{15}=11\frac{11}{15}$입니다.

2 $2\frac{2}{9}+3\frac{1}{6}=2\frac{4}{18}+3\frac{3}{18}=(2+3)+\left(\frac{4}{18}+\frac{3}{18}\right)$

$=5+\frac{7}{18}=5\frac{7}{18}$

따라서 $5\frac{7}{18}<\square<10$이므로, $\square$ 안에 알맞은 자연수는 6, 7, 8, 9입니다.

17단계 받아올림이 있는 대분수의 덧셈

배운 것을 기억해 볼까요? **108쪽**

1 $\frac{7}{12}$ 2 $5\frac{9}{10}$

개념 익히기 **109쪽**

1 10, 12; 10, 12; 22, $1\frac{7}{15}$, $6\frac{7}{15}$

2 14, 15, 14, 15, 29; 1, 9, $5\frac{9}{20}$

3 25, 24, 25, 24, 49; 1, 4, $6\frac{4}{45}$

4 23, 16, 69, 32, 101, $5\frac{11}{18}$

5 68, 61, 340, 183, 523, $6\frac{73}{75}$

개념 다지기 **110쪽**

1 방법1 $1\frac{5}{16}+2\frac{12}{16}=(1+2)+\left(\frac{5}{16}+\frac{12}{16}\right)=3+\frac{17}{16}$

$=3+1\frac{1}{16}=4\frac{1}{16}$

방법2 $\frac{21}{16}+\frac{11}{4}=\frac{21}{16}+\frac{44}{16}=\frac{65}{16}=4\frac{1}{16}$

2 방법1 $4\frac{49}{63}+1\frac{24}{63}=(4+1)+\left(\frac{49}{63}+\frac{24}{63}\right)=5+\frac{73}{63}$

$=5+1\frac{10}{63}=6\frac{10}{63}$

방법2 $\frac{43}{9}+\frac{29}{21}=\frac{301}{63}+\frac{87}{63}=\frac{388}{63}=6\frac{10}{63}$

3 방법1 $3\frac{25}{40}+2\frac{36}{40}=(3+2)+\left(\frac{25}{40}+\frac{36}{40}\right)=5+\frac{61}{40}$

$=5+1\frac{21}{40}=6\frac{21}{40}$

방법2 $\frac{29}{8}+\frac{29}{10}=\frac{145}{40}+\frac{116}{40}=\frac{261}{40}=6\frac{21}{40}$

4 방법1 $2\frac{32}{60}+3\frac{35}{60}=(2+3)+\left(\frac{32}{60}+\frac{35}{60}\right)=5+\frac{67}{60}$

$=5+1\frac{7}{60}=6\frac{7}{60}$

방법2 $\frac{38}{15}+\frac{43}{12}=\frac{152}{60}+\frac{215}{60}=\frac{367}{60}=6\frac{7}{60}$

선생님놀이

1 **방법1** 16과 4의 최소공배수인 16으로 통분하여 자연수는 자연수끼리 분수는 분수끼리 계산하면 $1\frac{5}{16}+2\frac{3}{4}=1\frac{5}{16}+2\frac{12}{16}$ $=(1+2)+\left(\frac{5}{16}+\frac{12}{16}\right)=3+\frac{17}{16}=3+1\frac{1}{16}=4\frac{1}{16}$이에요.

방법2 대분수를 가분수로 바꾸면 $1\frac{5}{16}+2\frac{3}{4}=\frac{21}{16}+\frac{11}{4}$이에요. 16과 4의 최소공배수인 16으로 통분하여 계산하면 $\frac{21}{16}+\frac{44}{16}=\frac{65}{16}=4\frac{1}{16}$이에요.

4 **방법1** 15와 12의 최소공배수인 60으로 통분하여 자연수는 자연수끼리 분수는 분수끼리 계산하면 $2\frac{8}{15}+3\frac{7}{12}=2\frac{32}{60}+3\frac{35}{60}=(2+3)+\left(\frac{32}{60}+\frac{35}{60}\right)$ $=5+\frac{67}{60}=5+1\frac{7}{60}=6\frac{7}{60}$이에요.

방법2 대분수를 가분수로 바꾸면 $2\frac{8}{15}+3\frac{7}{12}=\frac{38}{15}+\frac{43}{12}$이에요. 15와 12의 최소공배수인 60으로 통분하여 계산하면 $\frac{152}{60}+\frac{215}{60}=\frac{367}{60}=6\frac{7}{60}$이에요.

개념 다지기 111쪽

1 $2\frac{1}{2}+1\frac{2}{3}=2\frac{3}{6}+1\frac{4}{6}=(2+1)+\left(\frac{3}{6}+\frac{4}{6}\right)$
$=3+\frac{7}{6}=3+1\frac{1}{6}=4\frac{1}{6}$

2 $3\frac{3}{4}+2\frac{5}{6}=3\frac{9}{12}+2\frac{10}{12}=(3+2)+\left(\frac{9}{12}+\frac{10}{12}\right)$
$=5+\frac{19}{12}=5+1\frac{7}{12}=6\frac{7}{12}$

3 $1\frac{3}{4}+2\frac{9}{10}=1\frac{15}{20}+2\frac{18}{20}=(1+2)+\left(\frac{15}{20}+\frac{18}{20}\right)$
$=3+\frac{33}{20}=3+1\frac{13}{20}=4\frac{13}{20}$

4 $5\frac{5}{6}+2\frac{11}{12}=5\frac{10}{12}+2\frac{11}{12}=(5+2)+\left(\frac{10}{12}+\frac{11}{12}\right)$
$=7+\frac{21}{12}=7+1\frac{9}{12}=8\frac{9}{12}=8\frac{3}{4}$

5 $2\frac{5}{8}+\frac{11}{16}=2\frac{10}{16}+\frac{11}{16}=2+\left(\frac{10}{16}+\frac{11}{16}\right)$
$=2+\frac{21}{16}=2+1\frac{5}{16}=3\frac{5}{16}$

6 $4\frac{8}{9}+2\frac{7}{24}=4\frac{64}{72}+2\frac{21}{72}=(4+2)+\left(\frac{64}{72}+\frac{21}{72}\right)$
$=6+\frac{85}{72}=6+1\frac{13}{72}=7\frac{13}{72}$

7 $4\frac{8}{15}+3\frac{13}{20}=4\frac{32}{60}+3\frac{39}{60}=(4+3)+\left(\frac{32}{60}+\frac{39}{60}\right)$
$=7+\frac{71}{60}=7+1\frac{11}{60}=8\frac{11}{60}$

8 $6\frac{13}{21}+2\frac{17}{28}=6\frac{52}{84}+2\frac{51}{84}=(6+2)+\left(\frac{52}{84}+\frac{51}{84}\right)$
$=8+\frac{103}{84}=8+1\frac{19}{84}=9\frac{19}{84}$

9 $3\frac{15}{24}+1\frac{19}{32}=3\frac{60}{96}+1\frac{57}{96}=(3+1)+\left(\frac{60}{96}+\frac{57}{96}\right)$
$=4+\frac{117}{96}=4+1\frac{21}{96}=5\frac{21}{96}=5\frac{7}{32}$

10 $3\frac{17}{26}+2\frac{22}{39}=3\frac{51}{78}+2\frac{44}{78}=(3+2)+\left(\frac{51}{78}+\frac{44}{78}\right)$
$=5+\frac{95}{78}=5+1\frac{17}{78}=6\frac{17}{78}$

선생님놀이

2 4와 6의 최소공배수인 12로 통분하여 자연수는 자연수끼리 분수는 분수끼리 계산하면 $3\frac{3}{4}+2\frac{5}{6}=3\frac{9}{12}+2\frac{10}{12}=(3+2)+\left(\frac{9}{12}+\frac{10}{12}\right)$ $=5+\frac{19}{12}=5+1\frac{7}{12}=6\frac{7}{12}$이에요.

5 8과 16의 최소공배수인 16으로 통분하여 자연수는 자연수끼리 분수는 분수끼리 계산하면 $2\frac{5}{8}+\frac{11}{16}=2\frac{10}{16}+\frac{11}{16}=2+\left(\frac{10}{16}+\frac{11}{16}\right)=2+\frac{21}{16}$ $=2+1\frac{5}{16}=3\frac{5}{16}$예요.

개념 키우기 112쪽

1 식: $4\frac{3}{4}+5\frac{5}{6}=10\frac{7}{12}$ 답: $10\frac{7}{12}$

2 (1) 식: $3\frac{2}{3}+2\frac{4}{5}=6\frac{7}{15}$ 답: $6\frac{7}{15}$

(2) 식: $6\frac{7}{15}+1\frac{3}{10}=7\frac{23}{30}$ 답: $7\frac{23}{30}$

1 사용한 색종이의 수를 더합니다. 따라서

$4\frac{3}{4}+5\frac{5}{6}=4\frac{9}{12}+5\frac{10}{12}=(4+5)+\left(\frac{9}{12}+\frac{10}{12}\right)$
$=9+\frac{19}{12}=9+1\frac{7}{12}=10\frac{7}{12}$(장) 입니다.

2 (1) 민성이보다 $2\frac{4}{5}$ m 더 멀리 날렸으므로

$3\frac{2}{3}+2\frac{4}{5}=3\frac{10}{15}+2\frac{12}{15}=(3+2)+\left(\frac{10}{15}+\frac{12}{15}\right)$
$=5+\frac{22}{15}=5+1\frac{7}{15}=6\frac{7}{15}$(m) 날아갔습니다.

(2) 동윤이보다 $1\frac{3}{10}$ m 더 멀리 날렸으므로

$6\frac{7}{15}+1\frac{3}{10}=6\frac{14}{30}+1\frac{9}{30}=(6+1)+\left(\frac{14}{30}+\frac{9}{30}\right)$
$=7+\frac{23}{30}=7\frac{23}{30}$(m) 날아갔습니다.

개념 다시보기 **113쪽**

1 6, 6, 11, $1\frac{3}{8}$, $6\frac{3}{8}$

2 34, 68, 170, 204, 374, $8\frac{14}{45}$

3 $7\frac{23}{42}$　4 $8\frac{7}{15}$

5 $4\frac{11}{42}$　6 $6\frac{41}{96}$

도전해 보세요 **113쪽**

1 $19\frac{11}{12}$ cm　2 1, 2, 3, 4, 5, 6, 7

1 개구리가 뛴 거리를 모두 더합니다.

$5\frac{7}{10}+4\frac{5}{12}+9\frac{4}{5}=5\frac{42}{60}+4\frac{25}{60}+9\frac{48}{60}$
$=(5+4+9)+\left(\frac{42}{60}+\frac{25}{60}+\frac{48}{60}\right)$
$=18+\frac{115}{60}=18+1\frac{55}{60}=19\frac{55}{60}=19\frac{11}{12}$

2 $2\frac{2}{3}+1\frac{5}{7}=2\frac{14}{21}+1\frac{15}{21}=(2+1)+\left(\frac{14}{21}+\frac{15}{21}\right)$
$=3+\frac{29}{21}=3+1\frac{8}{21}=4\frac{8}{21}$ 입니다.

따라서 $4\frac{\square}{21}<4\frac{8}{21}$ 이므로, $\square<8$입니다.

$\square$ 안에 들어갈 수 있는 자연수는 1, 2, 3, 4, 5, 6, 7입니다.

18단계 분모가 다른 진분수의 뺄셈

배운 것을 기억해 볼까요? **114쪽**

1 $\frac{1}{2}$　2 30, 14

개념 익히기 **115쪽**

1 $\frac{3}{3}$, $\frac{4}{4}$; 9, 4, 5　2 3, 4, $\frac{1}{3}$

3 16, 15, $\frac{1}{24}$　4 15, 8, $\frac{7}{20}$

5 40, 36, $\frac{4}{45}$　6 78, 35, $\frac{43}{90}$

7 27, 4, $\frac{23}{42}$　8 33, 28, $\frac{7}{9}$

9 28, 3, 25, $\frac{5}{6}$

개념 다지기 **116쪽**

1 $\frac{1}{6}$　2 $\frac{1}{2}$　3 $\frac{1}{12}$

4 $\frac{1}{3}$　5 $\frac{17}{22}$　6 $1\frac{1}{40}$

7 $\frac{17}{48}$　8 $\frac{1}{30}$　9 $1\frac{5}{18}$

10 $\frac{10}{39}$　11 $\frac{1}{12}$　12 $\frac{31}{84}$

선생님놀이

7 16과 12의 최소공배수인 48로 통분하여 빼면

$\frac{15}{16}-\frac{7}{12}=\frac{15\times3}{16\times3}-\frac{7\times4}{12\times4}=\frac{45}{48}-\frac{28}{48}=\frac{17}{48}$이에요.

12 21과 28의 최소공배수인 84로 통분하여 빼면

$\frac{10}{21}-\frac{3}{28}=\frac{10\times4}{21\times4}-\frac{3\times3}{28\times3}=\frac{40}{84}-\frac{9}{84}=\frac{31}{84}$이에요.

개념 다지기 **117쪽**

1 $\frac{2}{3}-\frac{2}{5}=\frac{2\times5}{3\times5}-\frac{2\times3}{5\times3}=\frac{10}{15}-\frac{6}{15}=\frac{4}{15}$

2 $\frac{5}{9}-\frac{1}{3}=\frac{5}{9}-\frac{1\times3}{3\times3}=\frac{5}{9}-\frac{3}{9}=\frac{2}{9}$

3 $\frac{4}{7}-\frac{2}{9}=\frac{4\times9}{7\times9}-\frac{2\times7}{9\times7}=\frac{36}{63}-\frac{14}{63}=\frac{22}{63}$

4 $\frac{3}{4}-\frac{3}{5}=\frac{3\times5}{4\times5}-\frac{3\times4}{5\times4}=\frac{15}{20}-\frac{12}{20}=\frac{3}{20}$

5 큰 수에서 작은 수를 뺍니다.
$\frac{3}{8}-\frac{1}{6}=\frac{3\times3}{8\times3}-\frac{1\times4}{6\times4}=\frac{9}{24}-\frac{4}{24}=\frac{5}{24}$

6 $\frac{7}{12}-\frac{4}{15}=\frac{7\times5}{12\times5}-\frac{4\times4}{15\times4}=\frac{35}{60}-\frac{16}{60}=\frac{19}{60}$

7 $\frac{10}{21}-\frac{5}{14}=\frac{10\times2}{21\times2}-\frac{5\times3}{14\times3}=\frac{20}{42}-\frac{15}{42}=\frac{5}{42}$

8 $\frac{7}{10}-\frac{11}{25}=\frac{7\times5}{10\times5}-\frac{11\times2}{25\times2}=\frac{35}{50}-\frac{22}{50}=\frac{13}{50}$

9 $\frac{4}{9}-\frac{11}{30}=\frac{4\times10}{9\times10}-\frac{11\times3}{30\times3}=\frac{40}{90}-\frac{33}{90}=\frac{7}{90}$

10 큰 수에서 작은 수를 뺍니다.
$\frac{7}{18}-\frac{5}{16}=\frac{7\times8}{18\times8}-\frac{5\times9}{16\times9}=\frac{56}{144}-\frac{45}{144}=\frac{11}{144}$

선생님놀이

4 분자가 같을 때는 분모가 작을수록 더 큰 분수이므로 $\frac{3}{4}$에서 $\frac{3}{5}$을 빼요. 4와 5의 최소공배수인 20으로 통분하여 계산하면 $\frac{3}{4}-\frac{3}{5}=\frac{3\times5}{4\times5}-\frac{3\times4}{5\times4}=\frac{15}{20}-\frac{12}{20}=\frac{3}{20}$이에요.

5 $\frac{1}{6}$은 $\frac{3}{8}$보다 작으므로 $\frac{3}{8}$에서 $\frac{1}{6}$을 빼요. 8과 6의 최소공배수인 24로 통분하여 계산하면 $\frac{3}{8}-\frac{1}{6}=\frac{3\times3}{8\times3}-\frac{1\times4}{6\times4}=\frac{9}{24}-\frac{4}{24}=\frac{5}{24}$예요.

개념 키우기 118쪽

1 식: $\frac{7}{9}-\frac{1}{6}=\frac{11}{18}$ 답: $\frac{11}{18}$

2 (1) 식: $\frac{2}{5}+\frac{3}{10}=\frac{7}{10}$ 답: $\frac{7}{10}$

(2) 식: $\frac{1}{4}+\frac{5}{8}=\frac{7}{8}$ 답: $\frac{7}{8}$

(3) 마트, $\frac{7}{40}$

1 원래 있던 우유의 양에서 남은 우유의 양을 뺍니다. 따라서 $\frac{7}{9}-\frac{1}{6}=\frac{14}{18}-\frac{3}{18}=\frac{11}{18}$(컵) 사용하였습니다.

2 (1) 지호네 집에서 마트까지의 거리와 마트에서 서준이네 집까지의 거리를 더합니다. 따라서 $\frac{2}{5}+\frac{3}{10}=\frac{4}{10}+\frac{3}{10}=\frac{7}{10}$(km)입니다.

(2) 지호네 집에서 학교까지의 거리와 학교에서 서준이네 집까지의 거리를 더합니다. 따라서 $\frac{1}{4}+\frac{5}{8}=\frac{2}{8}+\frac{5}{8}=\frac{7}{8}$(km)입니다.

(3) 분자가 같을 때는 분모가 클수록 더 작은 분수이므로 $\frac{7}{10}<\frac{7}{8}$입니다. 따라서 마트를 거쳐가는 길이 $\frac{7}{8}-\frac{7}{10}=\frac{35}{40}-\frac{28}{40}=\frac{7}{40}$(km) 더 가깝습니다.

개념 다시보기 119쪽

1 12, 10, $\frac{2}{15}$ 2 10, 3, $\frac{7}{12}$

3 4, 5, $\frac{1}{2}$ 4 15, 4, $\frac{11}{42}$

5 $\frac{47}{72}$ 6 $\frac{13}{45}$ 7 $\frac{1}{40}$ 8 $\frac{11}{96}$

도전해 보세요 119쪽

1 $\frac{32}{45}$ 2 $\frac{5}{9}$

1 ㉮와 ㉱의 무게의 합은 ㉯와 ㉰의 무게의 합과 같습니다. ㉯와 ㉰의 무게의 합은 $\frac{7}{9}+\frac{3}{5}=\frac{35}{45}+\frac{27}{45}=\frac{62}{45}$(kg)이므로, ㉮와 ㉱의 무게의 합은 $\frac{62}{45}$(kg)입니다. ㉮의 무게가 $\frac{4}{6}$이므로 ㉱$=\frac{62}{45}-\frac{4}{6}=\frac{124}{90}-\frac{60}{90}=\frac{64}{90}=\frac{32}{45}$(kg)입니다.

2 ●$+\frac{4}{9}=\frac{5}{6}$이므로 ●$=\frac{5}{6}-\frac{4}{9}=\frac{15}{18}-\frac{8}{18}=\frac{7}{18}$입니다. ★$-$●$=\frac{3}{18}$이므로 ★$=\frac{3}{18}+$●이고 ★$=\frac{3}{18}+\frac{7}{18}=\frac{10}{18}=\frac{5}{9}$입니다.

19단계 받아내림이 없는 대분수의 뺄셈

배운 것을 기억해 볼까요? 120쪽

1 $\frac{2}{5}$ 2 $\frac{1}{6}$

개념 익히기 121쪽

1 3, 2; 3, 2, 1 2 10, 3, 10, 3, 7, $1\frac{7}{15}$

3 9, 4, 9, 4, 5, $2\frac{5}{24}$

4 19, 17, 38, 17, 21, $1\frac{7}{14}$, $1\frac{1}{2}$

5 23, 11, 46, 33, 13, $1\frac{1}{12}$

개념 다지기 122쪽

1 $1\frac{3}{10}$ 2 $2\frac{5}{12}$ 3 $2\frac{4}{15}$ 4 $3\frac{1}{12}$

5 $4\frac{13}{18}$ 6 $3\frac{23}{30}$ 7 $1\frac{9}{14}$ 8 $1\frac{25}{72}$

9 $3\frac{29}{40}$ 10 $9\frac{49}{52}$ 11 $2\frac{31}{96}$ 12 $3\frac{17}{78}$

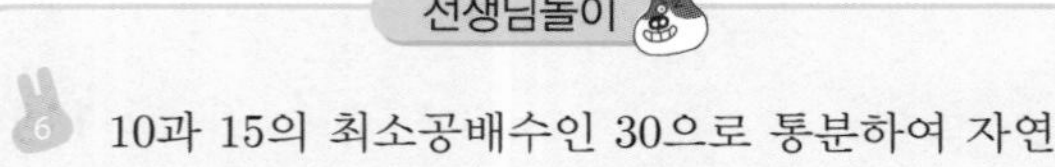

6 10과 15의 최소공배수인 30으로 통분하여 자연수는 자연수끼리 분수는 분수끼리 계산해요.
$4\frac{9}{10}-1\frac{2}{15}=4\frac{27}{30}-1\frac{4}{30}=(4-1)+\left(\frac{27}{30}-\frac{4}{30}\right)$
$=3+\frac{23}{30}=3\frac{23}{30}$이에요.

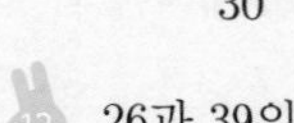

12 26과 39의 최소공배수인 78로 통분하여 자연수는 자연수끼리 분수는 분수끼리 계산해요.
$7\frac{15}{26}-4\frac{14}{39}=7\frac{45}{78}-4\frac{28}{78}=(7-4)+\left(\frac{45}{78}-\frac{28}{78}\right)$
$=3+\frac{17}{78}=3\frac{17}{78}$입니다.

개념 다지기 123쪽

1 $1\frac{2}{3}-1\frac{1}{2}=1\frac{4}{6}-1\frac{3}{6}=(1-1)+\left(\frac{4}{6}-\frac{3}{6}\right)=\frac{1}{6}$

2 $2\frac{3}{4}-1\frac{3}{5}=2\frac{15}{20}-1\frac{12}{20}=(2-1)+\left(\frac{15}{20}-\frac{12}{20}\right)$
$=1+\frac{3}{20}=1\frac{3}{20}$

3 $3\frac{2}{3}-1\frac{5}{12}=3\frac{8}{12}-1\frac{5}{12}=(3-1)+\left(\frac{8}{12}-\frac{5}{12}\right)$
$=2+\frac{3}{12}=2\frac{3}{12}=2\frac{1}{4}$

4 $2\frac{7}{10}-1\frac{5}{8}=2\frac{28}{40}-1\frac{25}{40}=(2-1)+\left(\frac{28}{40}-\frac{25}{40}\right)$
$=1+\frac{3}{40}=1\frac{3}{40}$

5 $3\frac{5}{7}-2\frac{1}{6}=3\frac{30}{42}-2\frac{7}{42}=(3-2)+\left(\frac{30}{42}-\frac{7}{42}\right)$
$=1+\frac{23}{42}=1\frac{23}{42}$

6 $5\frac{3}{4}-3\frac{2}{6}=5\frac{9}{12}-3\frac{4}{12}=(5-3)+\left(\frac{9}{12}-\frac{4}{12}\right)$
$=2+\frac{5}{12}=2\frac{5}{12}$

7 $6\frac{7}{18}-3\frac{4}{45}=6\frac{35}{90}-3\frac{8}{90}=(6-3)+\left(\frac{35}{90}-\frac{8}{90}\right)$
$=3+\frac{27}{90}=3\frac{27}{90}=3\frac{3}{10}$

8 $4\frac{6}{13}-2\frac{16}{39}=4\frac{18}{39}-2\frac{16}{39}=(4-2)+\left(\frac{18}{39}-\frac{16}{39}\right)$
$=2+\frac{2}{39}=2\frac{2}{39}$

9 $2\frac{9}{14}-1\frac{3}{35}=2\frac{45}{70}-1\frac{6}{70}=(2-1)+\left(\frac{45}{70}-\frac{6}{70}\right)$
$=1+\frac{39}{70}=1\frac{39}{70}$

10 $5\frac{5}{16}-4\frac{3}{20}=5\frac{25}{80}-4\frac{12}{80}=(5-4)+\left(\frac{25}{80}-\frac{12}{80}\right)$
$=1+\frac{13}{80}=1\frac{13}{80}$

선생님놀이

2 4와 5의 최소공배수인 20으로 통분하여 자연수는 자연수끼리 분수는 분수끼리 계산하면
$2\frac{3}{4}-1\frac{3}{5}=2\frac{15}{20}-1\frac{12}{20}=(2-1)+\left(\frac{15}{20}-\frac{12}{20}\right)$
$=1+\frac{3}{20}=1\frac{3}{20}$이에요.

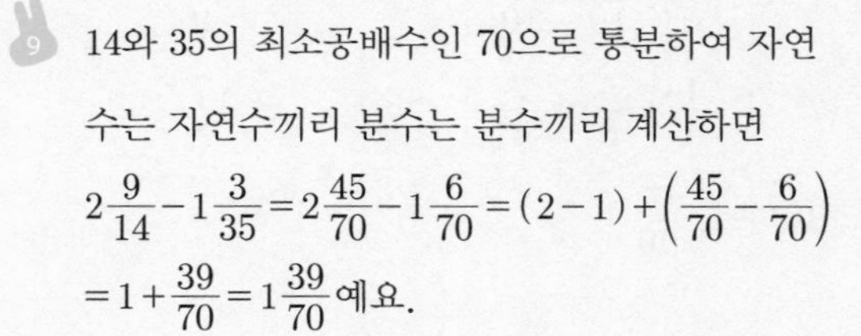

9 14와 35의 최소공배수인 70으로 통분하여 자연수는 자연수끼리 분수는 분수끼리 계산하면
$2\frac{9}{14}-1\frac{3}{35}=2\frac{45}{70}-1\frac{6}{70}=(2-1)+\left(\frac{45}{70}-\frac{6}{70}\right)$
$=1+\frac{39}{70}=1\frac{39}{70}$예요.

개념 키우기 124쪽

1 수민, $1\frac{23}{40}$ m　　2 (1) $3\frac{1}{18}$　(2) $1\frac{7}{9}$

1 수민이가 사용한 리본의 길이에서 세연이가 사용한 리본의 길이를 뺍니다. 따라서 수민이가 $3\frac{7}{8}-2\frac{3}{10}=3\frac{35}{40}-2\frac{12}{40}=(3-2)+\left(\frac{35}{40}-\frac{12}{40}\right)$ $=1+\frac{23}{40}=1\frac{23}{40}$(m) 더 많이 사용했습니다.

2 (1) 왼쪽 접시에 올린 물체의 무게의 합은 $2\frac{1}{6}+3\frac{5}{9}=2\frac{3}{18}+3\frac{10}{18}=(2+3)+\left(\frac{3}{18}+\frac{10}{18}\right)$ $=5+\frac{13}{18}=5\frac{13}{18}$(kg)입니다. 따라서 ㉮의 무게는 $5\frac{13}{18}-2\frac{2}{3}=5\frac{13}{18}-2\frac{12}{18}=(5-2)+\left(\frac{13}{18}-\frac{12}{18}\right)=3+\frac{1}{18}=3\frac{1}{18}$(kg)입니다.

(2) ㉯의 무게는 $4\frac{5}{6}$−(㉮의 무게)이므로 $\rightarrow 4\frac{5}{6}-3\frac{1}{18}=4\frac{15}{18}-3\frac{1}{18}=(4-3)+\left(\frac{15}{18}-\frac{1}{18}\right)=1+\frac{14}{18}=1\frac{14}{18}=1\frac{7}{9}$(kg)입니다.

개념 다시보기 125쪽

1 5, 4, 5, 4, 1, $4\frac{1}{10}$

2 25, 5, 25, 15, $\frac{10}{9}$, $1\frac{1}{9}$

3 $1\frac{11}{24}$　　4 $1\frac{23}{42}$

5 $3\frac{7}{45}$　　6 $4\frac{17}{84}$

도전해 보세요 125쪽

1 $4\frac{1}{3}$　　2 $2\frac{1}{14}$, $1\frac{3}{28}$

1 지민이와 민수가 가진 종이테이프의 길이의 합은 $10\frac{3}{4}+14\frac{2}{3}=10\frac{9}{12}+14\frac{8}{12}=(10+14)+\left(\frac{9}{12}+\frac{8}{12}\right)=24+\frac{17}{12}=24+1\frac{5}{12}=25\frac{5}{12}$(cm)입니다. 겹친 부분의 길이를 빼면 $25\frac{5}{12}-21\frac{1}{12}=(25-21)+\left(\frac{5}{12}-\frac{1}{12}\right)=4+\frac{4}{12}=4\frac{4}{12}=4\frac{1}{3}$(cm)입니다.

2 $3\frac{1}{2}-1\frac{3}{7}=3\frac{7}{14}-1\frac{6}{14}=(3-1)+\left(\frac{7}{14}-\frac{6}{14}\right)$ $=2+\frac{1}{14}=2\frac{1}{14}$입니다. $2\frac{1}{14}+\square=3\frac{5}{28}$이므로 $\square=3\frac{5}{28}-2\frac{1}{14}=3\frac{5}{28}-2\frac{2}{28}=1\frac{3}{28}$입니다.

20단계 받아내림이 있는 대분수의 뺄셈

배운 것을 기억해 볼까요? 126쪽

1 $\frac{1}{2}$　　2 $\frac{11}{21}$　　3 $1\frac{3}{10}$

개념 익히기 127쪽

1 5, 12, 20, 12; 20, 12, 8

2 7, 20, 42, 20, 42, 20; $3\frac{22}{35}$

3 9, 22, 9, 22, 9, $2\frac{13}{15}$

4 21, 11, 84, 55, 29, $1\frac{9}{20}$

5 75, 17, 225, 136, 89, $3\frac{17}{24}$

개념 다지기 128쪽

1 $1\frac{17}{18}$　2 $\frac{5}{9}$　3 $1\frac{19}{24}$　4 $1\frac{7}{20}$

5 $5\frac{3}{5}$　6 $2\frac{7}{12}$　7 $2\frac{21}{50}$　8 $2\frac{29}{48}$

9 $3\frac{71}{72}$　10 $4\frac{32}{33}$　11 $1\frac{37}{60}$　12 $2\frac{69}{70}$

선생님놀이

1 2와 9의 최소공배수인 18로 통분하여 자연수는 자연수끼리 분수는 분수끼리 계산해요. $3\frac{1}{2}-1\frac{5}{9}=3\frac{9}{18}-1\frac{10}{18}$의 3에서 1만큼을 가분수

로 나타내면 $2\frac{27}{18}-1\frac{10}{18}$이에요. 따라서 $2\frac{27}{18}-1\frac{10}{18}=(2-1)+\left(\frac{27}{18}-\frac{10}{18}\right)=1\frac{17}{18}$이에요.

11 20과 15의 최소공배수인 60으로 통분하여 자연수는 자연수끼리 분수는 분수끼리 계산해요. $5\frac{7}{20}-3\frac{11}{15}=5\frac{21}{60}-3\frac{44}{60}$의 5에서 1만큼을 가분수로 나타내면 $4\frac{81}{60}-3\frac{44}{60}$예요. 따라서 $4\frac{81}{60}-3\frac{44}{60}=(4-3)+\left(\frac{81}{60}-\frac{44}{60}\right)=1\frac{37}{60}$이에요.

개념 다지기 **129쪽**

1 $2\frac{2}{3}-1\frac{3}{4}=2\frac{8}{12}-1\frac{9}{12}=1\frac{20}{12}-1\frac{9}{12}$
$=(1-1)+\left(\frac{20}{12}-\frac{9}{12}\right)=\frac{11}{12}$

2 $4\frac{1}{2}-2\frac{5}{8}=4\frac{4}{8}-2\frac{5}{8}=3\frac{12}{8}-2\frac{5}{8}$
$=(3-2)+\left(\frac{12}{8}-\frac{5}{8}\right)=1\frac{7}{8}$

3 $5\frac{1}{4}-2\frac{3}{10}=5\frac{5}{20}-2\frac{6}{20}=4\frac{25}{20}-2\frac{6}{20}$
$=(4-2)+\left(\frac{25}{20}-\frac{6}{20}\right)=2\frac{19}{20}$

4 큰 수에서 작은 수를 뺍니다.
$2\frac{1}{6}-1\frac{3}{8}=2\frac{4}{24}-1\frac{9}{24}=1\frac{28}{24}-1\frac{9}{24}$
$=(1-1)+\left(\frac{28}{24}-\frac{9}{24}\right)=\frac{19}{24}$

5 $4\frac{2}{5}-1\frac{5}{8}=4\frac{16}{40}-1\frac{25}{40}=3\frac{56}{40}-1\frac{25}{40}$
$=(3-1)+\left(\frac{56}{40}-\frac{25}{40}\right)=2\frac{31}{40}$

6 $5\frac{3}{7}-1\frac{12}{21}=5\frac{9}{21}-1\frac{12}{21}=4\frac{30}{21}-1\frac{12}{21}$
$=(4-1)+\left(\frac{30}{21}-\frac{12}{21}\right)=3\frac{18}{21}=3\frac{6}{7}$

7 큰 수에서 작은 수를 뺍니다.
$7\frac{5}{18}-6\frac{7}{8}=7\frac{20}{72}-6\frac{63}{72}=6\frac{92}{72}-6\frac{63}{72}$
$=(6-6)+\left(\frac{92}{72}-\frac{63}{72}\right)=\frac{29}{72}$

8 $3\frac{5}{12}-1\frac{13}{16}=3\frac{20}{48}-1\frac{39}{48}=2\frac{68}{48}-1\frac{39}{48}$
$=(2-1)+\left(\frac{68}{48}-\frac{39}{48}\right)=1\frac{29}{48}$

9 $7\frac{3}{20}-4\frac{7}{15}=7\frac{9}{60}-4\frac{28}{60}=6\frac{69}{60}-4\frac{28}{60}$
$=(6-4)+\left(\frac{69}{60}-\frac{28}{60}\right)=2\frac{41}{60}$

10 $9\frac{15}{22}-1\frac{25}{33}=9\frac{45}{66}-1\frac{50}{66}=8\frac{111}{66}-1\frac{50}{66}$
$=(8-1)+\left(\frac{111}{66}-\frac{50}{66}\right)=7\frac{61}{66}$

선생님놀이

5 5와 8의 최소공배수인 40으로 통분하여 자연수는 자연수끼리 분수는 분수끼리 계산해요. $4\frac{2}{5}-1\frac{5}{8}=4\frac{16}{40}-1\frac{25}{40}$의 4에서 1만큼을 가분수로 나타내면 $3\frac{56}{40}-1\frac{25}{40}$예요. 따라서 $3\frac{56}{40}-1\frac{25}{40}=(3-1)+\left(\frac{56}{40}-\frac{25}{40}\right)=2\frac{31}{40}$이에요.

9 20과 15의 최소공배수인 60으로 통분하여 자연수는 자연수끼리 분수는 분수끼리 계산해요. $7\frac{3}{20}-4\frac{7}{15}=7\frac{9}{60}-4\frac{28}{60}$의 7에서 1만큼을 가분수로 나타내면 $6\frac{69}{60}-4\frac{28}{60}$이에요. 따라서 $6\frac{69}{60}-4\frac{28}{60}=(6-4)+\left(\frac{69}{60}-\frac{28}{60}\right)=2\frac{41}{60}$이에요.

개념 키우기 **130쪽**

1 식: $15\frac{2}{9}-11\frac{5}{7}=3\frac{32}{63}$ 답: $3\frac{32}{63}$

2 (1) 식: $3\frac{1}{4}-2\frac{2}{5}=\frac{17}{20}$ 답: $\frac{17}{20}$

(2) 식: $2\frac{5}{12}-1\frac{11}{18}=\frac{29}{36}$ 답: $\frac{29}{36}$

(3) 밀가루, $\frac{2}{45}$

1 어항의 들이에서 들어 있는 물의 양을 뺍니다.
따라서 $15\frac{2}{9}-11\frac{5}{7}=15\frac{14}{63}-11\frac{45}{63}=$
$14\frac{77}{63}-11\frac{45}{63}=(14-11)+\left(\frac{77}{63}-\frac{45}{63}\right)=3\frac{32}{63}$(L)

더 넣어야 합니다.

2 (1) 원래 있던 밀가루의 양에서 남은 밀가루의 양을 뺍니다. 따라서 $3\frac{1}{4}-2\frac{2}{5}=3\frac{5}{20}-2\frac{8}{20}=2\frac{25}{20}-2\frac{8}{20}=(2-2)+\left(\frac{25}{20}-\frac{8}{20}\right)=\frac{17}{20}$(kg) 사용했습니다.

(2) 원래 있던 호밀가루의 양에서 남은 호밀가루의 양을 뺍니다. 따라서 $2\frac{5}{12}-1\frac{11}{18}=2\frac{15}{36}-1\frac{22}{36}=1\frac{51}{36}-1\frac{22}{36}=\frac{29}{36}$(kg) 사용했습니다.

(3) 사용한 밀가루의 양과 호밀가루의 양을 비교하기 위하여 $\frac{17}{20}$과 $\frac{29}{36}$를 통분합니다. 20과 36의 최소공배수인 180으로 통분하면 $\frac{153}{180}$과 $\frac{145}{180}$입니다. 따라서 밀가루를 $\frac{153}{180}-\frac{145}{180}=\frac{8}{180}=\frac{2}{45}$(kg) 더 사용했습니다.

개념 다시보기 131쪽

1 3, 4, 9, 4, 9, 4, $1\frac{5}{6}$

2 13, 25, 52, 25, 27, $1\frac{11}{16}$

3 $2\frac{29}{56}$

4 $\frac{3}{10}$

5 $1\frac{23}{36}$

6 $5\frac{19}{42}$

도전해 보세요 131쪽

1 $\frac{7}{24}$

2 5, 6, 7, 8

1 (어떤 수)$+3\frac{2}{3}=7\frac{5}{8}$이므로 (어떤 수)$=7\frac{5}{8}-3\frac{2}{3}$입니다. 8과 3의 최소공배수인 24로 통분하여 계산합니다. (어떤 수)$=7\frac{15}{24}-3\frac{16}{24}$이고 7에서 1만큼을 가분수로 나타내면 $6\frac{39}{24}-3\frac{16}{24}=(6-3)+\left(\frac{39}{24}-\frac{16}{24}\right)=3+\frac{23}{24}=3\frac{23}{24}$입니다. (어떤 수)$=3\frac{23}{24}$이므로, 바르게 계산하면 $3\frac{23}{24}-3\frac{2}{3}=3\frac{23}{24}-3\frac{16}{24}=(3-3)+\left(\frac{23}{24}-\frac{16}{24}\right)=\frac{7}{24}$입니다.

2 $6\frac{3}{20}-1\frac{14}{15}=6\frac{9}{60}-1\frac{56}{60}=5\frac{69}{60}-1\frac{56}{60}=(5-1)+\left(\frac{69}{60}-\frac{56}{60}\right)=4+\frac{13}{60}=4\frac{13}{60}$입니다. 따라서 $4\frac{13}{60}<\square<9$이므로, $\square$ 안에 들어갈 자연수는 5, 6, 7, 8입니다.

연산의 발견 9권

지은이 | 전국수학교사모임 개념연산팀

초판 1쇄 발행일 2020년 6월 12일
초판 2쇄 발행일 2023년 1월 20일

발행인 | 한상준
편집 | 김민정 · 강탁준 · 손지원 · 최정휴 · 정수림
삽화 | 조경규
디자인 | 김경희 · 김성인 · 김미숙 · 정은예
마케팅 | 이상민 · 주영상
관리 | 양은진

발행처 | 비아에듀(ViaEdu Publisher)
출판등록 | 제313-2007-218호(2007년 11월 2일)
주소 | 서울시 마포구 연남동 월드컵북로6길 97(연남동 567-40) 2층
전화 | 02-334-6123 전자우편 | crm@viabook.kr
홈페이지 | viabook.kr

ISBN 979-11-89426-73-6 64410
ISBN 979-11-89426-64-4 (전12권)